电机实验

主　编　张治俊

参　编　邱道平

主　审　李　辉

重庆大学出版社

内 容 提 要

本书包括直流电机实验 4 个,变压器实验 7 个,异步电机实验 6 个,同步电机实验 4 个,涵盖了教育部高等学校电机学课程教学大纲对实验的要求的全部内容,概述中阐述了电机实验的基本要求、安全操作注意事项、基本物理量的测量、仪器仪表的选择原则等。每个实验详略得当,主要包括实验目的、实验内容、实验设备及屏上挂件顺序、实验方法、思考题、实验报告要求等。

本书可作为电类专业电机学、电机及拖动课程的实验教学用书,亦可供有关工人和工程技术人员参考。

图书在版编目(CIP)数据

电机实验/张治俊主编.—重庆:重庆大学出版社,2011.8(2021.1 重印)
高等学校实验课系列教材
ISBN 978-7-5624-6288-0

Ⅰ.①电… Ⅱ.①张… Ⅲ.①电机—实验—高等学校—教材 Ⅳ.①TM306

中国版本图书馆 CIP 数据核字(2011)第 153487 号

电机实验

主 编 张治俊
主 审 李 辉
策划编辑:曾显跃
责任编辑:文 鹏 版式设计:曾显跃
责任校对:邬小梅 责任印制:张 策

*

重庆大学出版社出版发行
出版人:饶帮华
社址:重庆市沙坪坝区大学城西路 21 号
邮编:401331
电话:(023) 88617190 88617185(中小学)
传真:(023) 88617186 88617166
网址:http://www.cqup.com.cn
邮箱:fxk@ cqup.com.cn(营销中心)
全国新华书店经销
POD:重庆新生代彩印技术有限公司

*

开本:787mm×1092mm 1/16 印张:7.5 字数:187 千
2011 年 8 月第 1 版 2021 年 1 月第 4 次印刷
ISBN 978-7-5624-6288-0 定价:29.80 元

前 言

　　本书是根据教育部高等学校电机学课程教学大纲对实验的要求,结合实验室的实际情况编写的。本书包括直流电机实验 4 个,变压器实验 7 个,异步电机实验 6 个,同步电机实验 4 个,共 21 个实验。本书可作为电类专业电机学、电机及拖动课程的实验教学用书,亦可供有关工程技术人员参考。

　　电机实验课是与电机学平行的实践性课程。它是理论联系实际,训练学生试验操作技能、培养学生独立工作能力的必不可少的重要教学环节。通过这门课程的训练,使学生在电机这门学科中达到分析问题和解决问题的初步能力。

　　为了培养学生的独立操作技能,每一章的前面实验写得详细,后面写得较简略,以便让学生通过动脑、动手,达到灵活、牢固地掌握知识的目的。为了让学生充分预习,在书中列出了实验室目前具有的主要设备。在实验课时,老师可审查学生的预习报告,不讲或少讲,而让学生边做想边体会,实验时则加强指导,这样在一定程度上解决了实验内容多、时间不够用的矛盾。

　　本书是在重庆大学电气工程学院试用电机实验的基础上编写的。全书由张治俊执笔编写,邱道平参与部分实验的验证校核工作。在编写过程中,除主审李辉教授提出许多宝贵意见外,还得到了系内各位老师的大力支持和关心,在此表示衷心感谢。

　　由于编者水平有限,成书时间仓促,书中存在许多不足,敬请读者批评指正。

编　者

2011 年 5 月

目　录

第1章
电机实验概述

1.1 电机实验的基本要求

电机实验课的目的在于培养学生掌握基本的实验方法与操作技能,循序渐进地培养学生根据实验目的、实验内容及实验设备选择所需仪器仪表,拟定实验线路,确定实验步骤,分析、排除实验过程中发生的故障,测取所需数据,并进行分析研究,得出结论,从而写出实验报告的能力。在整个实验过程中,实验人员必须严格认真,集中精力,做好实验。现按实验过程提出下列要求。

1.1.1 实验前的准备

①实验前应复习《电机学》有关章节,认真研读实验教材,明确实验目的、内容、方法与步骤,牢记实验过程中应该注意的问题,并按照实验内容准备记录表格等。

②建立小组。每次实验以小组为单位进行,每组由 3 ~ 4 人组成,推组长一人(建议组长轮流担任)。

③抄录铭牌、选择仪表。实验前应首先熟悉被试机组,记录电机及所用设备的铭牌,熟悉组件的编号、使用方法,选择仪表及量程,拟定实验线路。

④实验前必须各自独立写好预习报告,对实验内容与实验结果应事先作好理论分析,对实验结果的大致趋势做到心中有数,经指导教师检查认可后,方能进行实验。

1.1.2 实验的进行

(1)统一指挥,分工负责

由组长负责组织和指挥实验的进行,并进行合理分工,务求在实验过程中操作协调,记录数据准确、可靠。

(2)照图接线,力求简明

根据实验线路图及所选择仪器仪表图接线,线路力求简单明了。桌上的仪表、设备布置要合理整齐,便于测取数据和保证安全。

接线顺序视熟悉程度而定,对初学者来说,一般是先串联主回路,再接并联支路。就是说,从电源开关开始(电源都应接在开关的上方,而负载都应接在开关的下方)连接主要的串联电路(如电枢回路)。如系三相,则三根线一齐往下接;如系单相或者直流,则从一极出发,经过主要线路之各段仪表、设备,最后返回到另一极。根据电流大小,主回路用粗导线连接(包括电流表及瓦特表的电流线圈接线)并联支路用细导线连接(包括电压表的电压线圈接线)。

线路力求简单明了,尽量避免交叉,更不能将线绞在一起。图1.1中,(a)为好的接法,(b)为不好的接法。

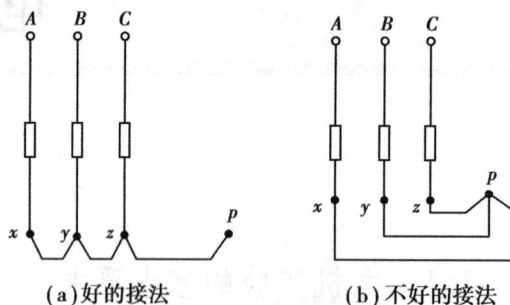

图1.1 两种不同的接线方法

导线的两端若有接线片,接线片接在接线柱上要松紧适当。太松,导线容易脱落并造成事故;太紧,拆线困难且缩短接线柱使用寿命。拆线时先旋松螺帽,不能强行拉掉。如果导线端没有接线片,则应按图1.2(a)接线。

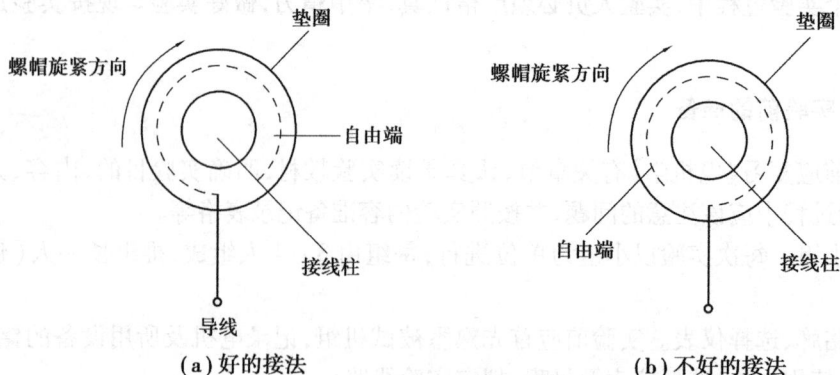

图1.2 拧紧导线的方法

(3)起动电机,观察仪表

在正式开始实验之前应校准仪表零位,熟悉刻度,并记下倍率。数字式仪表一定要选好量程。经查无误后起动电机,观察所有设备及仪表是否正常(如指针正反转等),电机是否转动。若仪表出现异常或电机不转,则应立即切断电源,及时报告,查清原因,排除故障,一切正常之后方可正式开始实验。

(4)按照计划,测取数据

正式实验时,应根据预习时的分析,按计划有步骤地测取数据。为了实验时快速读数,可先读出格数,再记下各仪表的倍率,实验之后再换算成实际值。

（5）**认真负责，完成实验**

实验完毕，首先应自己检查所测数据是否合理，再交指导教师审阅，认可后，方可拆线并整理好实验台，归还仪表、导线与工具等。

1.1.3　实验报告

实验报告必须每人写一份，按时交指导教师批阅。实验报告要求简明扼要，字迹清楚，结论明确。

实验报告应根据实验教材的要求、实验数据及在实验中观察和发现的问题来编写，经过分析研究，得出结论或通过分析讨论写出心得体会。

实验报告必须包括下列各项：

①按照已发的实验报告纸如实填写实验名称、专业、组长、实验组号、学号、同组同学、室温、实验日期（年、月、日）。

②扼要写出实验目的。

③实验内容。

④列出实验设备型号规格，铭牌数据（如额定容量、额定电压、额定电流及额定转速等），仪器仪表编号及量程，实验线路。

⑤写出某次实验的主要注意事项，如直流电动机起动时电枢回路串的电阻应放在最大的位置，磁场回路串的电阻应放在最小位置。

以上各项，除室温外必须在预习报告中完成。

⑥数据记录整理和计算。记录数据的表格上需说明实验是在什么条件下进行的，如发电机空载实验时 $I=0$，$n=n_{\mathrm{N}}$，$U_0=f(I_f)$。

各项数据如系计算所得，则应列出计算公式，并举一例说明。

⑦曲线和图形。曲线应用尺寸不小于 $80\ \mathrm{mm}\times80\ \mathrm{mm}$ 的坐标纸绘制，选择合适的比例尺，标明单位，用曲线尺或曲线板连成光滑曲线（如图 1.3 中的实线）。不要连成折线（如图 1.3 中的虚线）；若各点的连线不是一条光滑曲线，则应使各点自然地分布在曲线的两侧，且各点仍按实际标出。有时为了比较，将几条曲线用不同的线条或不同的颜色线画在同一坐标纸上。

⑧结论，分析解释及心得体会。根据实验结果进行分析计算（计算要列出公式）最后得出结论，是由实践再上升到理论的提高过程，是实验报告中很重要的一部分。结论中可对根据不同的实验方法所得结果进行比较，讨论实验方法的优缺点，说明实验结果与理论是否相符，对结果进行深入分析讨论等。

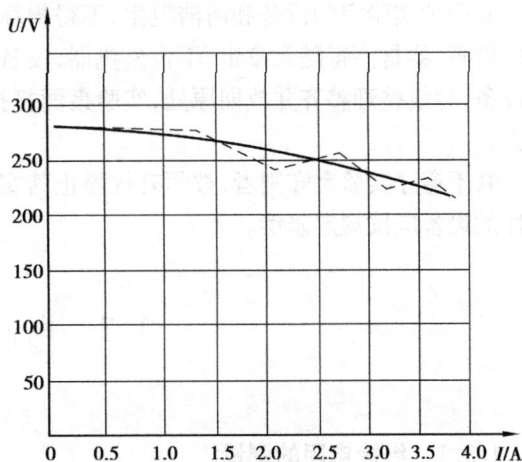

图 1.3　曲线的绘制

1.2　电机实验的安全操作与注意事项

为了按时完成电机实验教学任务,确保实验时人身安全与设备安全,要严格遵守实验室的安全操作及注意事项,要求如下:

①人体不可接触带电体。

②电源必须经过开关(或接触器)、熔断器之后才能接入电机,新接或拆线都必须切断电源进行。

③学生独立完成接线或改接线路之后,必须经指导教师检查允许,叮嘱全组同学引起注意后,方可合上电源。电机正常运行时,声音是有规律的、比较和谐的。实验中如发生事故,不要惊慌,必须立即切断电源保护现场,并报告指导教师,待查清问题、排除故障后,才能继续进行实验。

④实验时,不得穿高跟鞋、拖鞋、裙子、长大衣、风衣,女生不得披长发,以免卷入电机的旋转部分;不得用手或脚去促使电机起动或停转,以免发生危险。

⑤操作开关应迅速果断,以免产生电弧烧坏闸刀。合闸时应使刀片投入刀座,保持接触良好。

⑥电动机直接起动时,电流表应从线路中撤离,或经并联开关短路。

⑦电流互感器在使用时,副边不得开路,以免产生高电压损坏仪器和危及人身安全。对线圈匝数较多的电路,要注意断路时产生高电压的危险。电容器用完后必须放电。

⑧总电源应由实验室工作人员掌管,其他人不得乱动。

⑨实验室禁止吸烟、吃东西,不得嬉笑儿戏,不得随地吐痰。

⑩爱护实验室的设备和清洁卫生,不得损坏设备,不得乱动与本次实验无关的设备。实验室的设备、器材不得随意拿走,不得坐机器、设备和实验桌,不得乱写乱画。实验完毕,应将所有设备、导线整理整齐并放回原处,实验桌面打扫干净,经教师或实验室工作人员同意后方能离去。

⑪不遵守实验室守则者,教师有权停止其实验。违章操作所造成的后果,责任自负,对所损坏的设备应按规定赔偿。

1.3　电阻的测量

1.3.1　绝缘电阻的测量

绝缘电阻的测定是电机电器绝缘检验项目之一。通过绝缘电阻的测定可以检查绝缘电阻是否受潮、有无局部缺陷等。

绝缘电阻用兆欧表测定,所用兆欧表的规格应根据被测电机的额定电压按表1.1选用。电力变压器按种类选用不同规格的兆欧表,如10 000 V电压以下的Ⅰ、Ⅱ类变压器选用1 000 V兆欧表。

表 1.1

电机额定电压/V	兆欧表规格/V
<500	500
500 ~ 3 000	1 000
>3 000	2 500

电机各相（或各种）绕组分别有出线端引出时,应分别测量各绕组对机壳（或铁芯）及各绕组之间的绝缘电阻。若各绕组已在电机内部连接起来,允许仅测量所有相连接绕组对机壳的绝缘电阻。

目前常见的手摇兆欧表,表内有一手摇发电机,发电机发出的电压与转速有关。因此,为了维持施加在被测设备上的电压一定,测量时应以兆欧表规定的转速均匀地摇动兆欧表把手,待指针稳定后方可读数。

根据国家标准规定,电机绕组的绝缘电阻在热态时,应不低于下式确定的数值。

$$R = \frac{U_N}{1\ 000 + \frac{P_N}{100}} (M\Omega)$$

式中　U_N——电机绕组的额定电压,V;

　　　P_N——电机的额定功率,对直流电机和交流电动机单位为 kW,对交流发电机和同步补偿机单位为 kV·A。

由上式可知,500 V 以下的低电压电器,热态时其绝缘电阻应不低于 0.5 MΩ。如果低于这个数值,应分析原因,采取相应措施,以提高绝缘电阻,否则,强行投入运行,可能会造成人身伤害和设备事故。

1.3.2　绕组直流电阻的测量

为了校核设计值、计算效率以及确定绕组的温升等,需要测定绕组的直流电阻。绕组电阻的大小是随温度的变化而变化的,在测定绕组实际冷态下直流电阻时,要同时测量绕组的温度,以便将该电阻值换算至基准工作温度或所需工作温度下的数值。测量绕组直流电阻有两种方法。

（1）**电桥法**

采用电桥测量电阻时,究竟选用单臂电桥还是选用双臂电桥,取决于被测绕组电阻的大小和精度要求。绕组电阻小于 1 Ω 时,必须采用双臂电桥,不允许采用单臂电桥。因为单臂电桥量得的数值中,包括了连接线的电阻和接线柱的接触电阻,给低电阻的测量带来了较大的误差。

用电桥测量电阻时,应先将刻度盘旋到电桥能大致平衡的位置,然后按下电池按钮,接通电源,待电桥中的电流达到稳定后,方可按下检流计按钮接入检流计。测量完毕,应先断开检流计,再断开电源,以免检流计受到冲击。

电桥法测定绕组直流电阻准确度及灵敏度高,并有直接读数的优点。

（2）**电压表和电流表法（简称伏安法）**

用伏安法测量直流电阻时,应采用蓄电池或其他电压稳定的直流电源作为测量电源,按图

5

1.4 接线。被测绕组电阻 r 与可变电阻 R(调到最大)、电流表串联。电压表用测笔接好,准备测量电压。

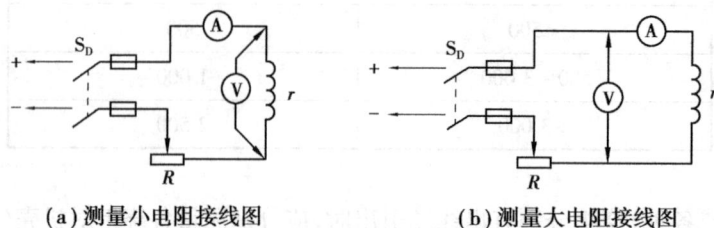

（a）测量小电阻接线图　　　　　　（b）测量大电阻接线图

图 1.4　伏安法测定直流电阻接线图

测量时,为了保证具有足够的灵敏度,电流要有一定数值,但又不要超过绕组额定电流的 20%。电流表与电压表应同时读数,以免因绕组发热影响测量的准确度。闭合电源开关 S_D,调节 R,使电流达到所需数值,当电流稳定后,用电压表测出绕组两端电压,用电流表测出通过绕组中的电流。

按图 1.4(a)接线测量小电阻,考虑电压表(内阻为 r_v)的分路电流,被测绕组的直流电阻为

$$r = \frac{U}{I - \dfrac{U}{r_v}}$$

若不考虑电压表的分路电流,$r = \dfrac{U}{I}$,计算值比绕组实际电阻偏小。绕组电阻越小,分路电流越小,误差则越小,故此种接线适于测量小电阻。

按图 1.4(b)接线测量大电阻,考虑到电流表内阻 r_A 上的电压降,被测绕组的实际直流电阻为

$$r = \frac{U - Ir_A}{I}$$

若不考虑电流表内阻的压降,$r = \dfrac{U}{I}$,计算值中包括有电流表内阻,故比实际电阻偏大。电流表内阻越小,误差则越小,故此种接线适于测量大电阻。

相应于不同电流值测量三次,取三次测量的平均值作为绕组的直流电阻。

若能选用合适的仪表,此法也能获得较准确的结果。

用温度计测绕组端部、铁芯或轴伸部温度,若这些部位的温度与周围空气温度相比不大于 $\pm3\ ℃$,则所测绕组电阻为实际冷态电阻,温度计所测得的空气温度就作为绕组在实际冷态下的温度。

测得的冷态直流电阻按下式换算到基准工作温度时的电阻:

$$r_w = \frac{K + \theta_w}{K + \theta} r(\Omega)$$

式中　θ_w——基准工作温度,A,E,B 级绝缘为 75 ℃;F,H 级绝缘为 115 ℃,一般实验室电机都是 A,E,B 级绝缘;

　　　θ——绕组实际冷态温度,℃;

　　　r——绕组实际冷态电阻,Ω;

K——常数,铜 $K=235$,铝 $K=228$,一般实验室电机绕组都是铜。

1.4　温度的测量

电机中绝缘材料的寿命与运行时的温度密切相关,为保证电机安全、合理地使用,需要监视与测量电机绕组、铁芯、轴承及冷却介质等的温度。测量温度的方法有三种:温度计法、电阻法及埋置检温计法,一般实验室没有埋置检温计的电机,故介绍下面二法。

1.4.1　温度计法

本法所用温度计是指膨胀式温度计(例如水银、酒精温度计)以及使用方法与普通膨胀式温度计相同的半导体温度计,非埋置的热电偶或电阻式温度计。本法简单可靠,且电机中不能用电阻法测量温度的部位,如定子铁芯、轴承及冷却介质等,一般用温度计来测量。

测量时,将温度计贴附在电机被测部位的表面,以测量接触点表面的温度。为了减少误差,从被测点到温度计的热传导应尽可能良好,还可将温度计球面部分用绝热材料复盖,以免受周围冷却介质的影响。应当注意,在测量电机有变化磁场存在的部位的温度时,如交流电机定子铁芯,不能用水银温度计而应采用酒精温度计。

1.4.2　电阻法

温度改变,绕组的直流电阻亦改变。根据这个原理,利用电阻法来测量绕组的温度,并应尽可能在电机运行时测量绕组的热态电阻。例如三相交流电机,在设备条件许可时采用高压或低压带电测温装置,利用该装置测得电机绕组冷态电阻 r 及热态电阻 r_m 后,可以按下式计算绕组温度。

$$\theta_t = \frac{r_m - r}{r}(K + \theta) + \theta$$

式中　r_m——绕组的热态电阻,Ω;

　　　r——绕组的实际冷态电阻,Ω;

　　　θ——绕组的实际冷态温度,℃;

　　　K——常数,铜 $K=235$,铝 $K=228$。

如果不能用带电测温装置,电机各部位温度是在断开电源后测得的,则所测得的温度应校正到断电瞬间。校正方法如下:在电机切断电源后,立即测量距断电瞬间的时间 $t(s)$ 及相应的电阻,再按一定的时间间隔测取数点,作冷却曲线 $r=f(t)$。绘制冷却曲线时,建议用半对数坐标纸,在横轴上取时间坐标,在纵轴上(对数坐标)取电阻(或温度)坐标,如图1.5所示,将冷却曲线延长到与纵轴相交,交点的纵坐标即为断电瞬间绕组的电阻(或温度)。

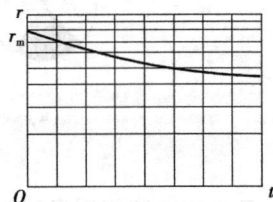

图1.5　冷却曲线

若没有对数坐标纸,也可在普通均匀等分坐标纸上绘制冷却曲线,在横轴上取时间坐标,在纵轴上取电阻(或温度)的对数值坐标,冷却曲线的延长线与纵轴的交点的纵坐标就是断电瞬间绕组电阻(或温度)的对数值。

如果断电后,电机个别部位的电阻(或温度)先开始上升然后再下降,则应取所量得电阻(或温度)的最高数值作为电机绕组断电瞬间的电阻(或温度)。

如用数字式仪表(如万用表、欧姆表),断电后,可以较迅速地测得绕组电阻。

1.5 转速和转差率的测量

转速是各类电机运行中的一个重要物理量,异步电机的转速也可用转差率表示。如何较准确地测量电机的转速和转差率,颇为重要。随着科学技术发展,特别是电子工业的发展,转速的测量方法与精度不断得到改进与提高。这里介绍几种常用的测量方法。

1.5.1 用日光灯法测定转差率

交流电机的转差率可以用日光灯法测定。日光灯是一种闪光灯,当接于 50 Hz 电源时,灯光实际上每秒钟闪亮 100 次,人的视觉暂留时间约为 $\frac{1}{16}$ s 左右,故用肉眼观察日光灯是一直发亮的。我们就利用日光灯这个特性来测量电机的转差率。测量的方法是在电机轴端画上标记图案,如图 1.6 所示。当极数 $2p = 2$ 时,同步转速为 $n_c = 3\ 000$ r/min,画两个黑色扇形,如图 1.6(a)所示。如果转子以同步转速旋转,即 $n_c = 3\ 000$ r/min = 50 r/s,即 $s = 0$,日光灯第一次闪亮时黑色扇形部分 a 在上面,黑色扇形在 b 下面。当第二次日光灯闪亮时,电机转过半圈,则图案 a 在下面,而图案 b 在上面,此时 a,b 位置虽已交换,然而每次灯闪亮时黑色扇形图案仍处于同一位置,肉眼看到的图案就好像静止不动。同理,当 $2p = 4$ 时,$n_c = 1\ 500$ r/min = 25 r/s,转子以同步转速旋转,日光灯每闪亮一次,电机转过 $\frac{1}{4}$ 圈,故图案要换成 4 个黑色扇形部分,如图 1.6(c)所示。电机极数越多,同步转速就越低,则黑色扇形部分也相应增加,如图 1.6(c)、(d)所示。这种方法用于测同步转速最为合适,只要选择与极数相应的图案贴于轴端,用日光灯照射后,调整转速到图案看上去不动时即为同步转速(即 $s = 0$)。

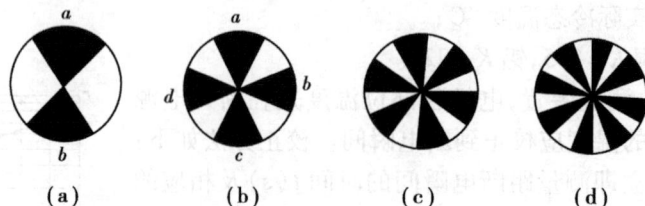

| (a) | (b) | (c) | (d) |

图 1.6 轴端标记图案

日光灯法还能测量较小的转差率,其原理是当转速稍低于同步转速时,如第一次图 1.6(a)中黑色扇形在垂直位置,而第二次灯闪亮时转轴转动不到半圈,因此,该瞬间两个黑色扇形逆电机旋转方向落后 α 角度。灯每闪亮一次,图案后移 α 角,因而用肉眼观察到现象是图案逆电机旋转方向缓慢移动,用秒表测定一分钟转过的圈数,即可得出电机转差 $\Delta n_0 = n_c - n$。

若图案顺电机转向转动,则转速大于同步转速,电机的转差率 $s = \dfrac{n_c - n}{n_c} 100\% = \dfrac{\pm \Delta n}{n_c}$

100%。图案顺转向转动时,Δn 取负号,$s < 0$;逆转向转动时,Δn 取正号,$s > 0$。为了节省时间,可减少计圈数的时间,如计数时间为 t s,则

$$\Delta n = 60\frac{N}{t},s = \frac{pN}{tf_1}100\%$$

式中　N——t s 内图案转过的圈数（因 $n_c = \frac{60f_1}{p}$,$s = \frac{\Delta n}{n_c} = \frac{60\frac{N}{t}}{\frac{60f_1}{p}} = \frac{pN}{tf_1}$,故有上式）。

以上方法适用于大中型容量异步电机,因为这时转差 Δn 较小,而小型异步电机 Δn 较大,计圈数有一定的困难。有时为了便于计数,可设法将图案中黑色扇形部分减少一半,其简便方法是在日光灯线路内串入整流二极管和接入绕线电阻 R,此电阻值的选择以整流后电流仍不超过日光灯正常工作电流为原则,如图 1.7 所示。当日光灯发亮后,在需要测速时,将开关 S_2 打开,以串入整流器。这样,日光灯负半波电压被切除,日光灯每秒闪亮 50 次。故当 $2p = 2$ 时,图案上只要有一个黑色扇形图案即可,如图 1.8(a)所示;当 $2p = 4$ 时,只要有两个黑色扇形,如图 1.8(b)所示,余此类推。

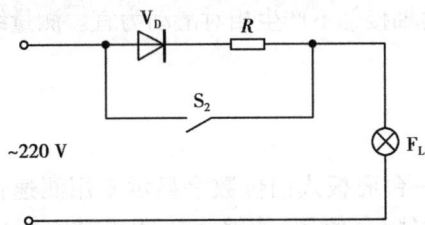

图 1.7　二极管整流后日光灯线路图

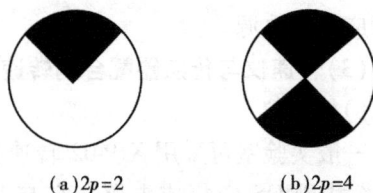

(a)$2p = 2$　　　(b)$2p = 4$

图 1.8　日光灯半波整流后的轴端标记

1.5.2　转速的测定

测量转速的方法可有离心式转速表法、闪光测速仪法、数字式转速仪法和测速发电机法。

（1）离心式转速表测转速

离心式转速表是利用离心原理制成的测速仪表,可以直接读出转数。使用时,将转速表的端头插入电机转轴的中心孔内,当指针稳定后即能将转速读出。使用转速表时,要注意下列事项:

①选择合理的量程,量程的最大读数应稍大于电机的最高转速。量程选用太大,则读数刻度太小,影响读数的准确度;量程选得太小,则读数将超出量程并容易损坏仪表。在使用过程中不允许改变量程,以免将齿轮打坏。如需改变量程时,必须将转速表取出,停表后再更改。

②转速表插入中心孔前,应注意清除中心孔中的油污。转速表测速时应保持它的轴与电机轴同心,不可上下左右偏斜,否则易将表轴扭坏,并影响读数的准确性。

③转速表应间歇使用,以减小齿轮磨损与发热。

④用离心转速表测转速会增加电机的阻力转矩,故对微电机不适用。

（2）用 SZG-20 型手持式数字转速表测转速

SZG-20 型袖珍手持式数字转速表是采用电子元件制成的测速仪,测速范围为 25～25 000 r/min,显示直观,使用较方便。此仪表采用液晶显示数据,机内采用 CMOS 集成电路和晶体振荡器,具有抗干扰能力。

该仪器的结构如图 1.9 所示。

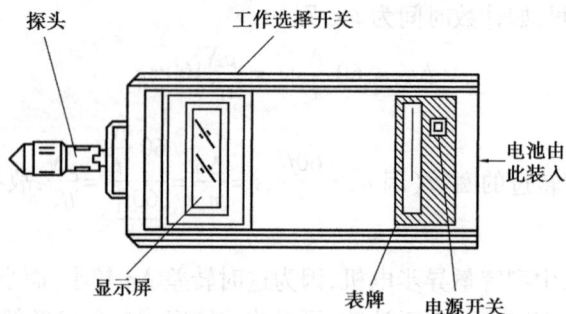

图 1.9 SZG-20 型手持数字转速表外型结构图

使用该仪器时,拨动电源开关,电源就接通。若工作开关选择在"自校"挡,液晶屏上显示数应为"32768";若开关选择在"测速"挡,把探头接触转动物体,显示器即可反映出被测转速。在测量过程中,若需将转速记录下来,可把开关选择到"寄存"挡,即可把数据保留。"寄存"挡在下,"测速"挡在中,"自校"挡在上。

在测量时,转速表探头与被测轴不应顶得过紧,以两轴接触不产生相对滑动为宜。测量结束时应关掉电源。

(3)转速仪与传感器配合测转速

1)转速仪

一般实验室可采用 XJP-02 转速数字显示仪,它是一台面板式四位数字显示专用测速仪表,采用 PMOS 中集成电路。它与 SZMB-3 磁电传感器配套使用,能够直接读出被测机的转速。

XJP-02 转速数字显示仪的前后面板排列如图 1.10、1.11 所示。

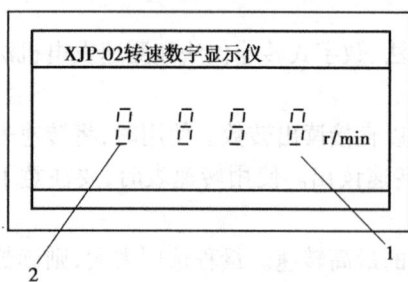

图 1.10 XJP-02 正面板
1—闸门指示;2—荧光数码管

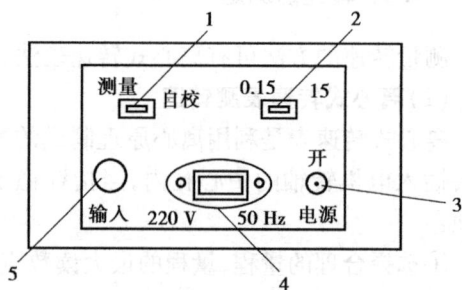

图 1.11 XJP-02 背面排列
1—工作选择开关;2—采样时间开关;
3—电源开关;4—电源插座;5—输入插座

使用前,首先应将电源开关置于"关"的位置,检查电源插头接线是否正确,电源电压是否符合工频 220 V ±10%,无误后插上电源插头。

开启电源开关后,荧光数码管应亮,数据管闸门指示(正面板右下角)作一闪一闪发光。将工作选择开关置"自校"位置,采样时间置"1 s"位置,荧光数码管应显示"1000",闸门指示每隔 2 s 闪光一次,发光时间 1 s;将采样时间开关置 0.1 s,此时荧光数码管显示"100",闸门时间每隔 0.2 s 闪光一次,发光时间 0.1 s;将工作选择开关置于"测量"位置,传感器接入输入插座,即可进行转速测量。当采用时间置于 1 s 时,转速仪直接显示转轴转速数值(r/min)。当采样时间 0.1 s 时,转速仪显示读数应乘以 10。

转速仪上配有专用的电源线和信号输入线。

2)传感器

上已述及,一般与 XJP-02 转速仪配合使用的传感器为 SZMB-3 磁电转速传感器。它由感应齿轮、感应齿座、感应线圈和磁钢组成。使用时,它通过联轴节与被测转轴连接,当转轴旋转时,磁路中磁阻变化,引起磁通量变化,在感应线圈内产生感应电动势,输出电脉冲信号。转速快慢发生变化,则输出脉冲数目的多少以及输出信号幅值就跟着发生变化,输入转速表内的信号就发生变化,进而在转速表的荧光数码管上的转速就随之发生变化。

(4)闪光测速仪测转速

用闪光测速仪测转速时,它与被测轴没有机械上的联系,故不影响被测轴的机械阻力矩。利用这种方法测量微型电机的转速,效果良好,缺点是对低转速(如 400 r/min 以下)的测量有一定困难。

闪光测速仪的内部设有可调脉冲频率的专用电源施加于闪光灯上,将它的灯光照于电机转动部分,如电机轴上的键或轴伸端预先标好的标记上。当调整脉冲频率使此标记静止不动时,从刻度盘或数码表上可直接读出此时电机的转速。

实验室可采用 SC-3 型数字闪光测速仪,它的面板布置如图 1.12 所示。

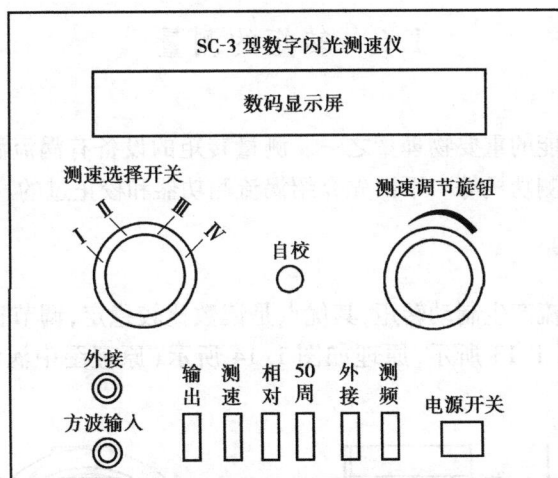

图 1.12　SC-3 顺数字闪光测速仪面板布置

SC-3 型数字闪光测速仪的测速范围分为四挡:Ⅰ挡,100 ~ 400 r/min;Ⅱ挡,400 ~ 1 600 r/min;Ⅲ挡,1 600 ~ 1 700 r/min;Ⅳ挡,7 000 ~ 30 000 r/min。该仪器可连续使用 8 小时,但因受闪光灯质量限制,测速以断续为宜。特别是第Ⅳ挡连续闪光不能超过 20 min,当转速为 10 000 ~ 30 000 r/min 时,不能超过 5 min。该仪器使用的电源为交流 220 V ± 10%,50 Hz。该仪器还可作简易频率计、方波信号源等使用,下面只介绍测转速的使用方法。

①在被测物上事先做好标记,以便观察。

②开启电源,预热 10 min。

③自校:

a.按下测频键,显示读数为 10 kHz ± 1 Hz。

b. 按下测速键,此时闪光管闪光,同时数码管显示读数,再按下自动按钮,显示应为原读数的1/60(为方便起见,显示读数时应旋测速旋钮,使原读数为60的整倍数,例如原显示读数为18 000,则按下自校按钮后,读数为300)。

④按被测物转速范围确定测速选择开关位置。按下测速键或相对键,并转动测速旋钮,同时观察被测物,使被测物上的标记不动为止。此时数码显示屏上显示的读数即为被测物每分钟的转速。

应注意的是,当闪光频率相当于转速的1/2,1/3,1/4……时,同样会出现被测物上的标记不动现象(光照度较暗)。当闪光频率相当于转速的2倍、3倍时,又会同时出现2个、3个标记不动现象。这样,就很难辨别真正的转速是多少。为此,在使用闪光测速仪测转速时,首先必须正确估计被测物的转速范围,并且将闪光仪的电源频率从低往高调(即当改变一次量程后,将测速调节旋转由反时针的最终点向顺时针方向旋转),直至在估计转速附近出现所作标记不动为止。

(5)测速发电机法

该方法将一台输出电压与转速成直线关系的微型发电机与被测转速的机械同轴连接,从而通过直接测取微型发电机的输出电压便可知被测机械的转速,或者将微型发电机的输出电压通过模数转换而直接读出被测机械的转速,实验室可采用后一种方法。

1.6 转矩的测量

转矩是衡量电机性能的重要物理量之一。测量转矩的设备有涡流测功器、校正过的直流电机、机械测功器、电动测功机等。下面先介绍涡流测功器和校正过的直流电机。

1.6.1 涡流测功器

这种测功器利用涡流产生制动转矩,其优点是读数比较稳定,调节比较方便,也具有较高的准确度。其结构如图1.13所示,原理如图1.14所示(原理图中涡流钢盘没有按比例尺画)。

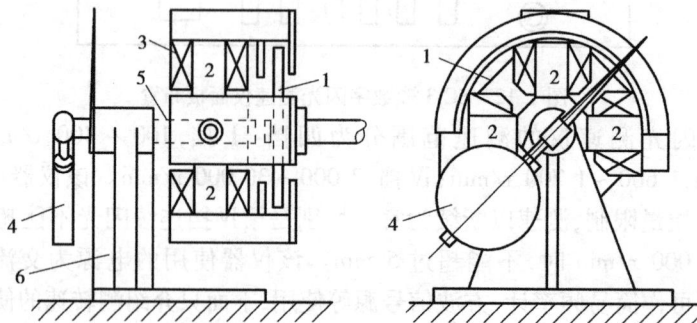

图1.13 涡流测功器结构图
1—实心钢盘;2—磁极;3—励磁线圈;4—平衡锤;5—轴;6—支架

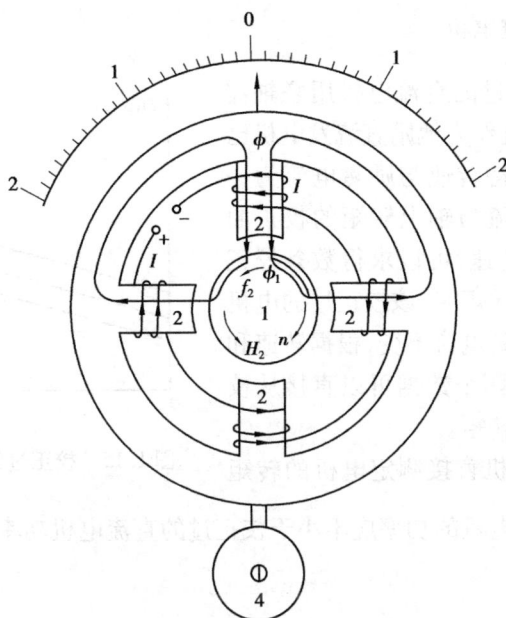

图 1.14　涡流测功器原理图

被试电动机带动实心钢盘 1 沿顺时针方向旋转,钢盘周围均匀分布一定数量的磁极 2,磁极极芯上套有励磁线圈 3,磁极与平衡锤 4 固定在轴 5 上,该轴可在静止支架 6 的轴承中转动。当励磁线圈通入直流电流 I 励磁后,产生的磁通 ϕ 从磁极圆盘回到相邻磁极构成闭合回路,实心钢盘可看成由无数根导体并联而成。在图 1.14 中,设电机顺时针转动带动钢盘切割磁力线,在钢盘中产生涡流 i(以上方一个磁极为例),由右手定则可知,i 指向书里。由左手定则可知,实心钢盘受到一个与电机转向相反的反作用力 f_2,由 f_2 产生一个与电机转向相反的反作用转矩,这就是电机的制动力矩(负载)。另一方面,涡流 i 又产生一个磁场,该磁场与励磁电流 I 产生的磁场相互作用,使磁极带着平衡锤顺电机转向转过一个角度,随同平衡锤一起偏转的指针便在刻度盘上直接指示出制动力矩的大小。若转速一定,励磁电流 I 越大,由它产生的磁场就越强,涡流就越大,磁极带动平衡锤偏转的角度就越大,电机输出的转矩就越大。因此,改变了励磁电流大小便改变了电机的负载。当 I 值增加到一定数值时,平衡锤不足以平衡电机的力矩,平衡锤就开始翻转和旋转,这是很危险的。实验时一定要小心,使励磁电流缓慢增加,以免平衡锤翻转。

根据转速与涡流测功器上测得的转矩,可按下式计算出电机的输出功率:

$$P_2 = 0.105 T_2 n \ (\text{W})$$

式中　T_2——转矩,N·m;

n——转速,r/min。

由于涡流圆盘的输入功率全部由涡流损耗转换为热能,故圆盘将产生大量热量,其中绝大部分散发于周围空气中,而一部分热量将传导到电机轴上,有可能导致电机轴承温度过高。故一般在圆盘上装有风叶,或用外风扇通风,以加快热量的扩散。对功率较大的测功器则采用水冷等方法更为有效,但这样结构就更为复杂。

1.6.2 校正过的直流电机

将被试电机与一校正过的直流电机用联轴器直接连接，该校正过的电机作为他励直流发电机已用测功机或计算法（在保持转速与励磁电流为一定值条件下）求得电枢电流与轴上转矩的校正曲线 $T = f(I_F)$。对应不同转速，可以求得数条校正曲线，如图 1.15 所示。测转矩时，该校正过的电机应保持与校正时同样的励磁电流不变，根据转速和校正过电机的电枢电流这两个数据可以直接从校正曲线上查得相应的轴上转矩。

采用校正过的直流电机直接测定电机的转矩

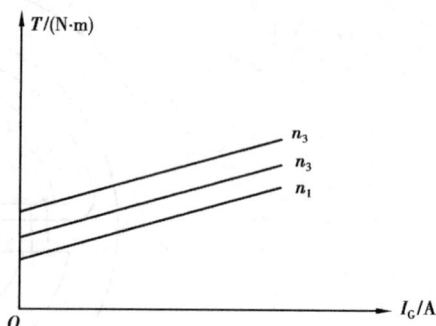

图 1.15 校正过的直流电机的校正曲线

时，在相应的转速下，被试电机的功率应不小于校正过的直流电机功率的 $\frac{1}{3}$。

1.7 功率的测量

电功率用瓦特表进行测量，一般都采用电动式瓦特表，它可以测量交直流电功率，并能达到较高的准确度。这种瓦特表有一个电压线圈和一个电流线圈，它们的同名端钮均标有" * "或" ± "号。电压线圈利用串联附加电阻做成多个电压量程，电流线圈也利用串、并联接成两种电流量程，另外，瓦特表上还装有一个改变指针偏转方向的极性开关。

1.7.1 瓦特表的正确选择与使用

选用瓦特表时，应根据被测线路的电压高低和电流大小来选择电压线圈量程和电流线圈量程。若被测交流线路的电流（或电压）超过瓦特表的最大量程，应配用适当变比的互感器来扩大量程，使线路的电流和电压均在瓦特表的量程范围之内，同时还要考虑被测电路的功率因数高低，选用普通的瓦特表（额定功率因数 $\cos \varphi = 1$）或低功率因数瓦特表（如 $\cos \varphi = 0.2$ 或 0.1）。瓦特表的功率常数 C_W 以下式表示：

$$C_W = \frac{U_N I_N \cos \varphi_N}{a_N}$$

式中 U_N——电压量程，V；

I_N——电流量程，A；

a_N——瓦特表的满刻度格数。

由上式可见，瓦特表每格所代表的瓦特数与 $\cos \varphi_N$ 有关，在量程 U_N、I_N 和 a_N 都相同的条件下，$\cos \varphi_N = 1$ 的瓦特表的 C_W 是 $\cos \varphi_N = 0.1$ 的瓦特表的 10 倍。如果用普通的瓦特表测量低功率因数的交流电路（例如空载变压器）的功率，即使电压和电流都达到满量程，但功率因数低，功率却很小，瓦特表偏转角很小，测量误差较大。若改用 $\cos \varphi_N = 0.1$ 的低功率因数瓦特表，它的指针偏转角将增大 10 倍，可以提高测量精度。

瓦特表按以下规则接入线路：

①瓦特表的电流线圈与被测负载串联，它的同名端钮接至电源侧，另一端接负载侧。

②瓦特表的电压线圈并接在负载两端，它的同名端钮接至电一端，它的另一端跨接在负载的另一端。

图1.16(a)与(b)所示的两接线方法都是符合以上规则的，都是正确的。按该图接线，如果极性开关指"＋"，瓦特表指针正向偏转，则功率由电源输向负载;反之，指针反向偏转，表示功率反向输送，此时，为了使指针仍作正向偏转可将极性开关拨向"－"或将电流线圈的端钮换接，但不能把电压线圈的端钮换接，这样电压线圈与电流圈之间的电位差将接近负载的端电压，有使线圈间的绝缘损坏的危险，同时，线圈间的静电场作用还会引起附加误差。

图1.16(a)所示的连接方法被广泛采用，瓦特表的读数中除包括有负载功率外，还有消耗在电流线圈中的功率，当负载电压较高、电流较小时，这项消耗很小，可以忽略。

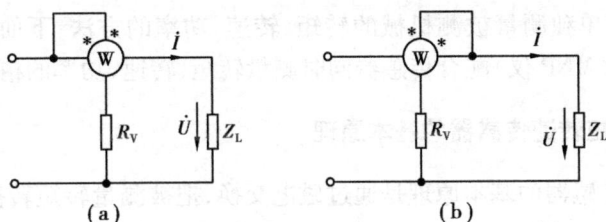

图1.16 单相瓦特表的接线方法

图1.16(b)所示的连接方法适用于低电压大电流负载的功率测量(如短路试验)，瓦特表的读数中除包括负载功率外，还有消耗在电压线圈及其串联电阻 R_V 中的功率。

三相有功功率的测量已在《基本电磁测量》中学过，在此不必重复，下面介绍三相无功功率的测量。

1.7.2 三相无功功率的测量

三相对称线路中，可以利用瓦特表测量无功功率，方法有两种。

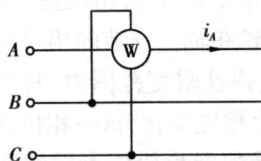

图1.17 用一瓦特表测三相无功功率

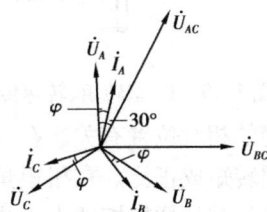

图1.18 三相对称线路相量图

(1)一瓦特表法

如图1.17所示，从三相对称线路的相量图(图1.18)可知，I_A 与 U_{BC} 间夹角为 $(90° - \varphi)$，故瓦特表读数为

$$P' = U_{BC}I_A\cos(90° - \varphi) = UI\sin\varphi$$

三相对称线路中，三相负载的无功功率为

$$P_q = \sqrt{3}UI\sin\varphi = \sqrt{3}P'$$

因此,利用这种方法,把瓦特表读数乘以$\sqrt{3}$就得到三相线路的无功功率。

(2)两瓦特表法

根据测量三相有功功率的两瓦特的读数,可以计算得到三相无功功率,因为

$$P_{\mathrm{I}} - P_{\mathrm{II}} = UI \cos(\varphi - 30°) - UI \cos(\varphi + 30°) = UI \sin\varphi$$

所以三相负载的无功功率为

$$P_q = \sqrt{3}UI \sin\varphi = \sqrt{3}(P_{\mathrm{I}} - P_{\mathrm{II}})$$

一般三相线路的无功功率是应用无功功率表测量的。

1.8 转矩转速功率的测量

前面分别介绍了单独测量被测机械的转矩、转速、功率的方法,下面介绍一种用转矩、转速、功率仪(以下简称 MNP 仪)配合传感器同时测量转矩、转速、功率的精度较高的方法。

1.8.1 JC 型转矩转速传感器的基本原理

JC 型转矩转速传感器的基本原理是通过磁电交换,把被测量转矩转换成具有相位差的两个电信号,而这两个电信号的相位差的变化量与被测转矩的大小成正比,把这两个电信号输入到 MNP 仪即显示出转矩、转速、功率的数值。

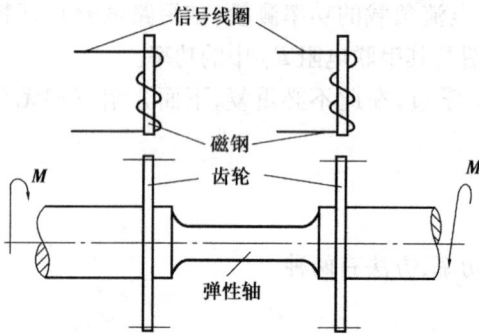

图 1.19   JC 型转矩、转速传感器工作原理示意图

JC 型转矩转速传感器的工作原理如图 1.19 所示。其弹性轴两端安装有两只齿轮,在齿轮上方分别有两条磁钢,磁钢上各绕有一组信号线圈。当弹性轴转动时,由于磁钢与齿轮间的气隙磁导随着齿槽位置的变化而发生周期性变化,使穿过信号线圈的磁通也发生周期性的变化,于是在信号线圈中分别感应出两个电势。在外加转矩为零时,这两个电势有一个恒定的初始相位差,这个相位差只与两只齿轮在轴上安装的相对位置和两磁钢的相对位置有关。在外加转矩时,弹性轴产生扭矩变形,在弹性限度范围内,其扭矩角与外加转矩成正比。在扭矩角变化的同时,两个电势的相位差发生相应变化,这一相位差变化的绝对值与外加转矩的大小成正比。由于这两个电势的频率与转速及齿轮的齿数的乘积成正比,因为齿数为固定值,所以这两个电势的频率与转速成正比。

JC 型转矩传感器的结构示意如图 1.20 所示。图中弹性轴的测量精度在很大程度上取决于弹性轴材料的性能,如线性度、重复性、长期稳定性以及温度系数等。其中,内齿轮、电动机、外齿轮均为软磁材料制成。磁路通过磁钢—内齿轮—气隙 1—外齿轮—气隙 2—信号线圈及支架—气隙 3—导磁环—磁钢而闭合。

电机实验室现用的转矩、转速传感器铭牌如下:

型号 JC_0 编号_____   质量_____ kg

额定转矩 2 kg·m,量程 2。

标定系数_____　标定温度_____℃

工作转速 0 ~ 10 000 r/min,齿数 120。

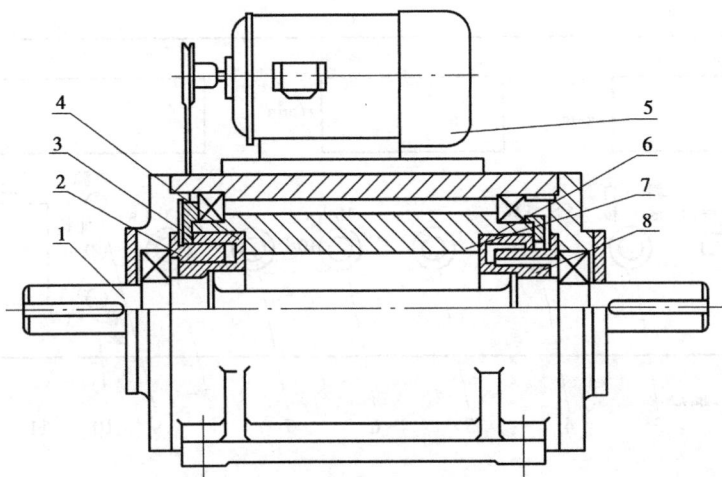

图 1.20　JC 型转矩转速传感器结构示意图

1—弹性轴;2—绕有两个信号线圈的支架;3—两个导磁球;

4—两个与外齿轮齿数相同而不啮合的内齿轮;5—电动机;

6—两块磁钢;7——非磁性材料制成的中间套筒;

8—两个固定在弹性轴上相隔一定距离的外齿轮

1.8.2　MNP 仪的工作原理

从转矩转速传感器中输出的具有相位差的两路电压信号送入 MNP 仪,经过放大、整形、检相后再经过一系列逻辑运算、数模转换等,通过显示窗口直接显示出被测转轴的转矩、转速和功率。其原理可参考有关的 MNP 仪使用说明书和电机测试书。

1.8.3　用 MNP 仪和传感器测量转矩、转速、功率的操作方法和注意事项

(1)JSGS-1 数字 MNP 仪的面板布置

JSGS-1 数字 MNP 仪的面板布置如图 1.21 所示。

(2)操作方法

1)接线

用两根专用的高频电缆线将传感器的信号输出插座与 MNP 仪背面转矩输入插座连接。连接方式是信号输出 I 与输入 I 连接,信号输出 II 与输入 II 连接。MNP 仪的工作电源取用 220 V ±10% 、50 Hz 的电源。仪器外壳要可靠接地(不能将电源中线当地线)。

2)操作 MNP 仪

首先用电源线取用仪器规定的电源,再按下列步骤进行:

①仪器的自校。

a.打开电源开关,工作状态选择开关置于“自校”及“单机”位置;

b.零位调节拨盘置于“7777”位置;

c.系数选择开关(拨盘)置于“1000”位置;

d. 小数点选择开关置于"10°"位置;

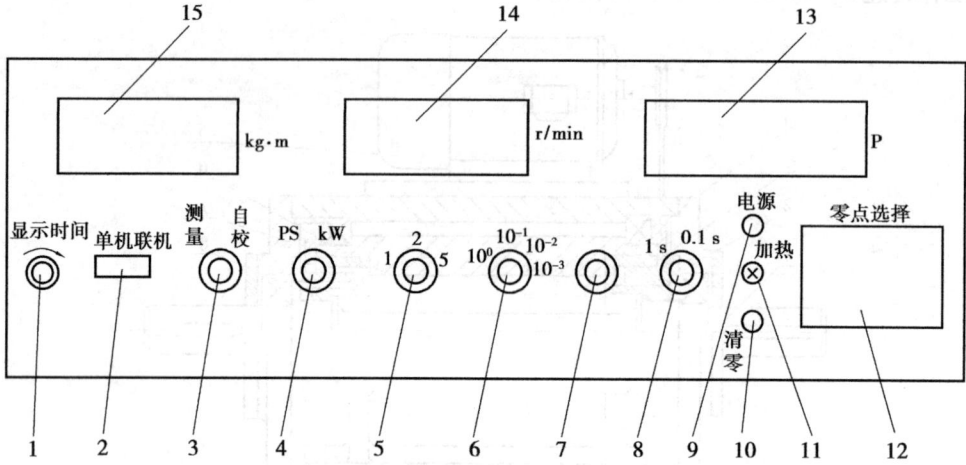

(a)JSC-1数字MNP仪前面板布置

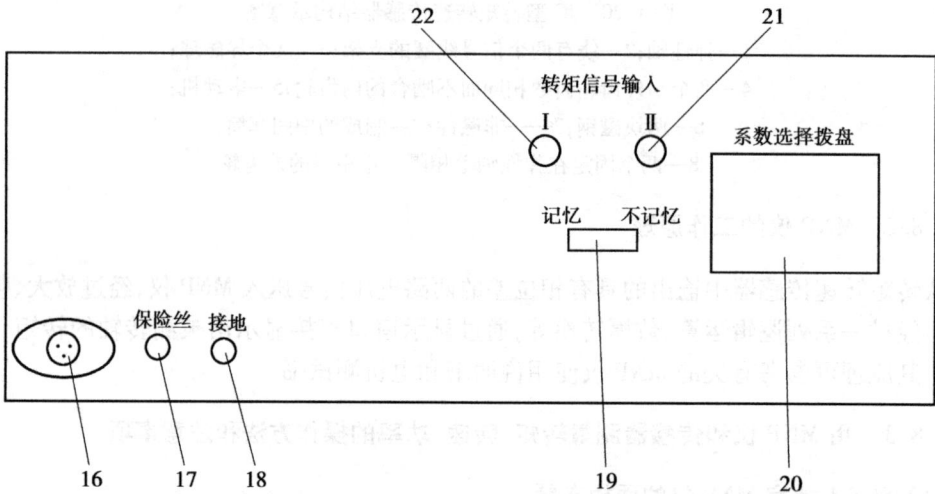

(b)JSCS-1数字MNP仪后面板布置(略去各输出和增益)

图 1.21 JSGS-1 数字 MNP 仪后面板布置

1—显示时间旋钮;2—单机联机选择开关;3—工作状态选择开关;4—马力千瓦选择旋钮;5—量程旋钮;
6—小数点选择旋钮;7—转速信号选择旋钮;8—时基选择旋钮;9—电源开关;10—"清 0"按钮;
11—加热指示灯;12—零位调节拨盘;13—功率显示窗口;14—转速显示窗口;15—转矩显示窗口
16—220 V 交流电源插座;17—保险丝;18—接地螺钉;19—记忆、不记忆选择开关;
20—系数选择开关;21—转矩信号输入Ⅱ;22—转矩信号输入Ⅰ

e. 时基选择开关置于"1 s"位置。然后将 PS、kW 选择开关分别置于"PS"(马力)、"kW"(千瓦)位置,量程开关分别置于 X_1、X_2、X_5 位置。转矩、转速、功率窗口显示数应符合表 1.2(允许 ±1 个字)。

表 1.2

窗口 量程开关	kg·m	r/min	P	
			PS	kW
×1	0277	1000	00387	00284
×2	2777	1000	03877	02849
×5	0277	1000	00387	00284

f. 开关置于"联机"位置时,每掀动"清零"按钮一次则进行一次自校,自校时间为 20 s,显示数应符合上表。

②转矩、转速、功率的测量。

a. 将测量自校选择开关置于"测量"位置;

b 仪器单独使用,将单机、联机选择开关置于"单机"位置;

c. 使马力、千瓦选择开关置于所需要的位置(PS:马力,kW:千瓦);

d. 将仪器量程开关置于与转矩传感器相对应的量程数值位置;

e. 根据传感器的规格旋动小数点选择开关,选择小数点。例如,传感器规格为 2 kg·m,则打在"10^{-3}"位置;

f. 若传感器转速低于 600 r/min,起动传感器上小电机,则转速记号选择开关置于外 60 或外 120,此时相应外转速讯号由后面板外转速讯号输入插口输入;若传感器转速高于 600 r/min,则转速讯号选择开关置于内 60 或内 120,传感器上齿轮是 60 个齿,则置于"60",若是 120 个齿则置于"120"。

g. 根据被测转速范围,决定时基选择开关位置(1 s 或 0.1 s)。置"1 s",显示数为被测对象转速,转速直读;置"0.1 s",显示数乘以 10 才是被测对象转速。

h. 拨后面板上仪器系数拨盘,使与转矩传感器的系数相一致;

i. 在无负荷状态下起动原动机,使转矩传感器运转;拨动传感器上换向开关,使开关指向与转轴方向一致;调节前面板上的零点拨盘开关,使转矩显示窗口显示"0000";

j. 按上述各项操作完毕,即可对被测系统加负荷试验。此时转矩窗显示为被测对象所输出的转矩(kg·m),转速窗为被测对象转速(r/min),功率窗为被测对象输出的功率(kW 或 PS)。

（3）**注意事项**

①使用该仪器时应将后面板上的记忆、不记忆选择开关打在记忆位置,不记忆状态只是为了调机和修理时使用;

②在测量前,应使仪器预热,保证仪器恒温槽进入恒温状态之后才进行测量,以保证精度,一般预热 30 min。

③仪器应通过后面板接地螺丝可靠接地。

1.9 DDSZ-1 型电机及电气技术实验装置受试电机铭牌数据一览表

表 1.3

序号	编号	名 称	P_N/W	U_N/V	I_N/A	$n_N/(r \cdot min^{-1})$	U_{FN}/V	I_{FN}/A	绝缘等级	备 注
1	DJ11	三相变压器	230/230	380/95	0.35/1.4					Y/Y
2	DJ12	三相变压器	152/152/152	220/63.6/55	0.4/1.38/1.6					Y/△/Y
3	DJ13	直流复励发电机	100	200	0.5	1 600			E	
4	DJ14	直流串励电动机	120	220	0.8	1 400			E	
5	DJ15	直流并励电动机	185	220	1.2	1 600	220	<0.16	E	
6	DJ16	三相鼠笼式异步电动机	100	220(△)	0.5	1 420			E	
7	DJ17	三相线式电机	120	220(Y)	0.6	1 380			E	
8	DJ18	同步发电机	170	220(Y)	0.45	1 500	14	1.2	E	
9	DJ22	双速异步电机	120/90	220	0.6/0.6	2 820/1 400			E	YY/△
10	DJ23	校正直流测功机	355	220	2.2	1 500	220	<0.16	E	
11	DJ24	三相鼠笼式异步电动机	180	220(△)/380(Y)	1.14/0.66	1 430			E	
12	DJ26	三相鼠笼式异步电动机	180	380(△)	1.12	1 430			E	

1.10　DDSZ-1 型电机及电气技术实验装置操作说明及主要配置

1.10.1　操作说明

实验中开启及关闭电源都在控制屏上操作。

(1)开启三相交流电源的操作步骤

①开启电源前,要检查控制屏下面"直流电机电源"的"电枢电源"开关(右下角)及"励磁电源"开关(左下角)都须在"关"的位置。控制屏左侧端面上安装的调压器旋钮必须在零位,即必须将它向逆时针方向旋转到底。

②检查无误后开启电源总开关,"关"按钮指示灯亮,表示实验装置的进线接到电源,但还不能输出电压。此时在电源输出端进行实验电路接线操作是安全的。

③按下"开"按钮,"开"按钮指示灯亮,表示三相交流调压电源输出插孔 U,V,W 及 N 上已接电。实验电路所需的不同大小的交流电压,都可通过适当旋转调压器旋钮用导线从这三相四线制插孔中取得。输出线电压为 0~450 V(可调)并可由控制屏上方的 3 只交流电压表指示。当电压表下面左边的"指示切换"开关拨向"三相电网电压"时,它指示三相电网进线的线电压;当"指示切换"开关拨向"三相调压电压"时,它指示三相四线制插孔 U,V,W 及 N 输出端的线电压。

④实验中如果需要改接线路,必须按下"关"按钮以切断交流电源,以保证实验操作安全。实验完毕,还需关断电源总开关,并将控制屏左侧端面上安装的调压器旋钮调回到零位。将"直流电机电源"的"电枢电源"开关及"励磁电源"开关拨回到关断位置。

(2)开启直流电机电源的操作步骤

①直流电源是由交流电源变换而来,开启"直流电机电源",必须先完成开启交流电源,即开启"电源总开关"并按下"开"按钮。

②在此之后,接通"励磁电源"开关,可获得约为 220 V、0.5 A 不可调的直流电压输出。接通"电枢电源"开关,可获得 40~230 V、3 A 可调节的直流电压输出。励磁电源电压及电枢电源电压都可由控制屏下方的一只直流电压表指示。将该电压表下方的"指示切换"开关拨向"电枢电压"时,指示电枢电源电压;将它拨向"励磁电压"时,指示励磁电源电压。但在电路上,"励磁电源"与"电枢电源","直流电机电源"与"交流三相调压电源"都是经过三相多绕组变压器隔离的,可独立使用。

③电枢电源是采用脉宽调制型开关式稳压电源,输入端接有滤波用的大电容,为了不使过大的充电电流损坏电源电路,采用了限流延时的保护电路。所以本电源在开机时,从电枢电源开合闸到直流电压输出约有 3~4 s 的延时,这是正常的。

④电枢电源设有过压和过流指示告警保护电路。当输出电压出现过压时,会自动切断输出,并告警指示。此时若要恢复电压,必须先将"电压调节"旋钮逆时针旋转调低电压到正常值(约 240 V 以下),再按"过压复位"按钮,即能输出电压。当负载电流过大(即负载电阻过小)超过 3 A 时,也会自动切断输出,并告警指示,此时若要恢复输出,只要调小负载电流(即调大负载电阻)即可。有时候在开机时出现过流告警,说明在开机时负载电流太大,需要降低

负载电流,可在电枢电源输出端增大负载电阻或甚至暂时拔掉一根导线(空载)开机,待直流输出电压正常后,再插回导线加正常负载(不可短路)工作。若在空载时开机仍发生过流告警,这是由于气温或湿度明显变化,造成光电耦合器 TIL117 漏电而使过流保护起控点改变所致。一般经过空载开机(即开启交流电源后,再开启"电枢电源"开关)预热几十分钟,即可停止告警,恢复正常。所有这些操作到直流电压输出都有 3~4 s 的延时。

⑤在做直流电动机实验时,要注意开机时须先开"励磁电源"开关,后开"电枢电源"开关;在关机时,则要先关"电枢电源"开关后关"励磁电源"开关。同时要注意在电枢电路中串联起动电阻以防止电源过流保护,具体操作要严格遵照教材中有关内容的说明操作。

1.10.2 主要配置

实验装置主要配置见表1.4。

表 1.4 DDSZ-1 型电机及电气技术实验装置主要配置

序号	编 号	名 称	数量
1	DD01	电源控制屏	1件
2	DD02	实验桌	1张
3	DD03-3	不锈钢电机导轨、测速发电机及转速表	1件
4	DJ11	三相组式变压器	1件
5	DJ13	直流复励发电机	1台
6	DJ15	直流并励发电机	1台
7	DJ16	三相鼠笼式异步电动机	1台
8	DJ17	三相绕线式异步电动机	1台
9	DJ17-1	绕线式异步电机起动与调速电阻箱	1件
10	DJ18	三相同步电机	1台
11	DJ23	校正直流测功机	1台
12	D31-2-3	直流数字电压表、毫安表、安培表(三只表)(注:按实验要求每套需配2件)	2件
13	D32-37-2	交流电流表(三只表)	1件
14	D33-38-2	交流电压表(三只表)	1件
15	D34-2	单、三相智能功率、功率因数表	1件
16	D41	三相可调电阻器(每组 90 Ω×2/1.3 A)	1件
17	D42	三相可调电阻器(每组 900 Ω×2/0.41 A)	1件
18	D43-1	三相同轴联动可调电抗器(0.8 H 0.5 A/相)	1件
19	D44	可调电阻器、电容器	1件
20	D51	波形测试及开关板	1件
21	D52	旋转灯、并网开关、同步机励磁电源	1件
22	D55-3	智能转矩、转速、输出功率测试	1件
23	DD06	高可靠护套结构手枪插实验连接线及配件	1套
24	D42-1	三相插座同轴联动可调电阻(1 300 Ω 0.5 A/相)	1件

1.11　仪器仪表的选择原则

实验时,如何选择仪器仪表? 一般而言,应根据被试电机的铭牌数据,使仪表量程略高于某次试验的被测物理量的最大值即可。下面,以一套直流电动机——直流发电机组为例来选择仪器仪表。

直流并励电动机 DJ15 : $P_N = 185$ W, $U_N = 220$ V, $I_N = 1.2$ A, $n_N = 1\ 600$ r/min,励磁电压 $U_{fN} = 220$ V,励磁电流 $I_{fN} < 0.13$ A。

直流并励发电机 DJ13 : $P_N = 100$ W, $U_N = 200$ V, $I_N = 0.5$ A, $n_N = 1\ 600$ r/min,励磁电压 $U_{fN} = 200$ V,励磁电流 $I_{fN} < 0.2$ A。

1.11.1　电压表的选择

电动机额定电压为 220 V,发电机额定电压为 200 V,若考虑到发电机空载时一般要做到 $1.25\ U_N$,则 $200 \times 1.25 = 250$ V,实选量程为 1 000 V 的数字电压表。若要测量剩磁电压,可选择 200 V 量程或更低量程的数字电压表。

1.11.2　电流表的选择

电动机的额定电流为 1.2 A,发电机的额定电流为 0.5 A,故测量电动机电枢电流可选 $0 \sim 5$ A 的电流表,发电机电枢电流表选 $20 \sim 2\ 000$ mA 数字电流表。电动机的额定励磁电流为 0.13 A,可选 0.5 A 量程的电流表;发电机额定励磁电流小于 0.2 A,故可选 200 mA 量程的数字电流表。

1.11.3　调节电阻的选择

根据电路通过的最大电流、调节范围以及实验的要求来选择电阻容量。电动机电枢回路电流为 1.2 A,故可选“1.3 A 90 Ω”的滑线电阻作起动时的限流电阻。电动机和发电机的励磁回路电流都没有超过 0.2 A,故都选“0.41 A 90 Ω”的滑线电阻。

若电机没有给出励磁电流,则根据直流电机的励磁电流一般约为额定电流的 5% ~ 10% 来选择励磁回路电流表。

1.11.4　负载电阻的选择

直流发电机的额定电枢电流(输出电流)为 0.5 A,可选择两个“90 Ω 1.3 A”电阻串联后,再与两个“900 Ω 0.41 A”的电阻并联后的电阻再串联。负载电流小于 $0.41 \times 2 = 0.82$ A 时,用全部电阻;负载电流小于 0.41 A 时,可用“900 Ω 0.41 A”的电阻串联。电流较大时,用允许通过较大电流的电阻;电流较小时,通过改变电阻串并联方式使电阻中的电流小于电阻允许的电流。

第2章

直流电机实验

2.1 认识实验

2.1.1 实验目的

①学习电机实验的基本要求与安全操作注意事项。
②了解本实验室的主要设备、仪器仪表的选择原则及其使用方法。
③掌握他励直流电动机的接线和操作方法。

2.1.2 实验内容

①了解 DD01 电源控制屏中的电枢电源、励磁电源、校正过的直流电机、变阻器、多量程直流电压表、电流表及直流电动机的使用方法。
②用伏安法测直流电动机电枢绕组的冷态电阻。
③他励直流电动机的起动、调速及改变转向。

2.1.3 实验设备及控制屏上挂件参考排列顺序

（1）实验设备

实验设备见表 2.1。

表 2.1

序　号	型　号	名　　称	数　量
1	DD03	导轨、测速发电机及转速表	1 台
2	DJ23	校正直流测功机	1 台
3	DJ15	直流并励电动机	1 台
4	D31	直流数字电压表、毫安表、安培表	2 件
5	D42	三相可调电阻器	1 件
6	D44	可调电阻器、电容器	1 件
7	D51	波形测试及开关板	1 件
8	D41	三相可调电阻器	1 件

（2）**控制屏上挂件参考排列顺序**

其排列顺序是：D31，D42，D41，D51，D31，D44。

2.1.4 实验方法

（1）**理论准备**

由实验指导人员介绍 DDSZ-1 型电机及电气技术实验装置各面板布置及使用方法，讲解电机实验的基本要求，安全操作和注意事项以及仪器仪表的选择原则。

（2）**用伏安法测电枢绕组的直流电阻**

①按图 2.1 接线（线路为低阻抗连接方式），电阻 R 用 D44 上两个"900 Ω 0.41 A"电阻串联并调至最大。电流表选用 D31 直流毫安表，量程选用 2 000 mA 挡。开关 S 选用 D51 挂箱。

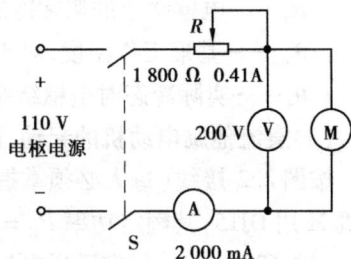

②经检查无误后接通电枢电源，并从低逐渐调至约 110 V。调节 R 使电枢电流达到 0.2 A（如果电流太大，可能由于剩磁的作用使电机旋转，测量无法进行；如果此时电流太小，可能由于接触电阻而产生较大的误差），迅速测取电机电枢两端电压 U 和电流 I。

图 2.1 测电枢绕组直流电阻接线图

将电机分别旋转 $\frac{1}{3}$ 和 $\frac{2}{3}$ 周，同样测取 U,I 三组数据列于表 2.2 中，测取室温。

③增大 R 使电流分别达到 0.15 A 和 0.1 A（也可以降低电源电压），用同样方法测取 6 组数据记录列于表 2.2 中。

取 3 次测量的平均值作为实际冷态电阻值

$$R_a = \frac{1}{3}(R_{a1} + R_{a2} + R_{a3})$$

表 2.2

室温_____℃

序 号	U/V	I/A	R（平均）/Ω		R_a/Ω	R_{aref}/Ω
1			$R_{a11} =$			
			$R_{a12} =$	$R_{a1} =$		
			$R_{a13} =$			
2			$R_{a21} =$			
			$R_{a22} =$	$R_{a2} =$		
			$R_{a23} =$			
3			$R_{a31} =$			
			$R_{a32} =$	$R_{a3} =$		
			$R_{a33} =$			

表中：

$$R_{a1} = \frac{1}{3}(R_{a11} + R_{a12} + R_{a13}), R_{a2} = \frac{1}{3}(R_{a21} + R_{a22} + R_{a23}), R_{a3} = \frac{1}{3}(R_{a31} + R_{a32} + R_{a33})$$

④计算基准工作温度时的电枢电阻。由实验直接测得电枢绕组电阻值为实际冷态电阻值，冷态温度为室温。按下式换算到基准工作温度时的电枢绕组电阻值：

$$R_{aref} = R_a \frac{235 + \theta_{ref}}{235 + \theta_a}$$

式中　R_{aref}——换算到基准工作温度时电枢绕组电阻，Ω；

$\quad\quad R_a$——电枢绕组的实际冷态电阻，Ω；

$\quad\quad \theta_{ref}$——基准工作温度，对于 A，E，B 级绝缘为 75 ℃；

$\quad\quad \theta_a$——实际冷态时电枢绕组的温度，℃。

(3)直流他励电动机的起动、调速与改变转向

按图 2.2 接线(每人必须掌握直流电动机的接线方法，且要互相检查)。图中直流他励电动机 M 用 DJ15，其额定功率 $P_N = 185$ W，额定电压 $U_N = 220$ V，额定电流 $I_N = 1.2$ A。额定转速 $n_N = 1\,600$ r/min，额定励磁电流 $I_{fN} < 0.16$ A。校正直流测功机 MG 作为测功机使用，TG 为测速发电机。直流电流表选用 D31。R_{f1} 用 D44 的 1 800 Ω 阻值作为直流他励电动机励磁回路串接的电阻。R_{f2} 选用 D42 的 1 800 Ω 阻值的变阻器，作为 MG 励磁回路串接的电阻。R_1 选用 D44 的 180 Ω 阻值作为直流他励电动机的起动电阻，R_2 选用 D41 的 90 Ω 电阻 6 只串联和 D42 的 900 Ω 与 900 Ω 并联电阻相串联作为 MG 的负载电阻。接好线后，检查 M、MG 及 TG 之间是否用联轴器直接联接好。

1)起动

①在图 2.2 的接线图中，起动前电动机磁场回路串入的电阻 R_{f1} 必须置最小位置(短路)，以限制起动后的转速和产生较大的起动转矩，$T_{em} = C_T \phi I_a$。运行时该支路绝不能开路，以免产生飞速的危险，$n = \dfrac{U - I_a R_a}{C_e \phi} = \dfrac{U - I_a R_a}{0} = \infty$。电枢回路串的电阻 R_1 必须置最大，以限制起动电流。断开开关 S 并断开控制屏下方右边的电枢电源开关，作好起动准备。

②直流电动机的起动方法有直接起动、降压起动和电枢回路串电阻起动三种方法。直接起动时，起动电流可达额定电流的 10～20 倍，这对电机本身和电网都很不利，故一般不用直接起动方法起动。降压起动常用于频繁起动和 10 kW 以上的电机，它需要改变电源电压。电枢回路串电阻起动对于 10 kW 以下的直流电动机则常采用。下面以电枢回路串电阻起动为例，学习起动方法。

③接通控制屏上的电源总开关，按下其上方的"开"按钮，接通其下方左边的励磁电源开关，再接通控制屏右下方的电枢电源开关，使 M 起动。

④调节控制屏上电枢电源"电压调节"旋钮，使电动机端电压为 220 V。减小起动电阻 R_1 阻值，直至短接，电动机起动结束(每人操作一次，掌握起动方法)。

2)调速(在以上起动后不停机进行)

由理论分析知 $n = \dfrac{U - I_a R_a}{C_e \phi}$，故调速方法有三种，即改变电源电压调速、改变电枢回路串入电阻值调速、改变励磁电流调速。

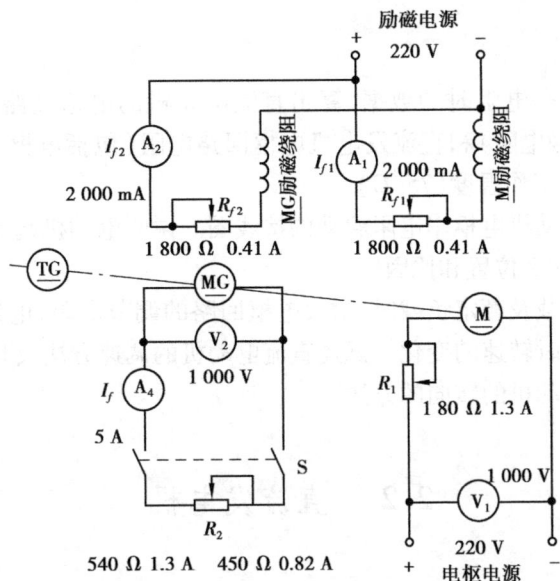

图 2.2　直流他励电动机接线图

①改变电源电压调速,保持励磁电流 I_{f1} 和电枢回路电阻 R_1 不变,调节控制屏右下方的电压调节旋钮,改变电源电压,观察转速的变化。

②改变电枢回路串入电阻值调速,保持励磁电流 I_{f1} 和电源电压 U 不变,将 R_1 置不同位置,观察转速的变化。

③改变励磁电流调速。电枢回路电阻 R_1 调零且保持不变,保持电源电压 U 不变,逐步增大电动机磁场回路串的电阻 R_{f1},观察励磁电流 I_{f1} 和转速 n 的变化,注意使转速 n 不能超过 $1.2n_N$。

3)改变转向

将电枢串联起动变阻器 R_1 的阻值调回到最大值,先切断控制屏上的电枢电源开关,然后切断控制屏上的励磁电源开关,使他励电动机停机。在断电情况下,将电枢(或励磁绕组)的两端接线对调后,再按他励电动机的起动步骤起动电动机,并观察电动机的转向。

2.1.5　思考题

①如何正确选用电源?

②如何正确选择、使用仪器仪表,特别是电压表、电流表的量程?

③如何正确使用挂件中的滑线电阻?

④用伏安法测直流电机电枢回路冷态电阻时应注意什么?

⑤直流电动机起动时,电枢回路和励磁回路串的电阻各应放在什么位置?为什么?当直流电动机起动后,为了使电动机能正常工作,电枢回路串接的电阻应置在什么位置?为什么?

⑥起动直流电动机时,励磁绕组先通电还是电枢绕组先通电?停止直流电动机时,励磁绕组先断电还是电枢绕组先断电?为什么?

⑦直流电动机如何调速和改变转向?

2.1.6 实验报告

①根据伏安法测冷态电阻时的数据,算出直流电动机的电枢回路电阻(包括电枢、换向极、串励绕组和碳刷接触电阻)和直流发电机电枢回路电阻(包括电枢、换向极绕组电阻和接触电阻),并折算到基准工作温度(75 ℃)。

②画出直流他励电动机电枢串电阻起动的接线图。说明电动机起动时,起动电阻 R_1 和磁场调节电阻 R_{f1} 应调到什么位置和原因。

③说明在电动机轻载及额定负载时,增大电枢回路的调节电阻,电机转速的变化,以及增大励磁回路的调节电阻时转速的变化。试述直流电动机的调速方法及其规律。

④试述改变直流电动机的转向的方法。

2.2　直流发电机

2.2.1　实验目的

①掌握用实验方法测定直流发电机的各种运行特性,并根据所测得的运行特性评定被试电机的有关性能。

②通过实验观察并励发电机的自励过程和自励条件。

2.2.2　实验内容

(1)他励发电机实验

①测空载特性,保持 $n = n_N$,使 $I_L = 0$,测取 $U_0 = f(I_f)$。

②测外特性,保持 $n = n_N$,使 $I_f = I_{fN}$,测取 $U = f(I_L)$。

③测调节特性,保持 $n = n_N$,使 $U = U_N$,测取 $I_f = f(I_L)$。

(2)并励发电机实验

①观察自励过程。

②测外特性,保持 $n = n_N$,使 $R_{f2} = $ 常数,测取 $U = f(I_L)$。

(3)复励发电机实验

测积复励发电机外特性,保持 $n = n_N$,使 $R_{f2} = $ 常数,测取 $U = f(I_L)$。

2.2.3　实验设备及挂件排列顺序

(1)实验设备(见表 2.3)

(2)屏上挂件排列顺序

其顺序是:D31,D44,D31,D42,D51。

表 2.3

序　号	型　号	名　称	数　量
1	DD03	导轨、测速发电机及转速表	1 台
2	DJ23	校正直流测功机	1 台
3	DJ13	直流复励发电机	1 台
4	D31	直流电压表、毫安表、安培表	2 件
5	D44	可调电阻器、电容器	1 件
6	D51	波形测试及开关板	1 件
7	D42	三相可调电阻器	1 件

2.2.4　实验方法

(1)他励直流发电机

按图 2.3 接线。图中直流发电机 G 选用 DJ13,其额定值 $P_N = 100$ W, $U_N = 200$ V, $I_N = 0.5$ A, $n_N = 1\ 600$ r/min。校正直流测功机 MG 作为 G 的原动机(按他励电动机接线)。MG,G 及 TG 由联轴器直接连接。开关 S 选用 D51 组件。R_{f1} 选用 D44 的 1 800 Ω 变阻器, R_{f2} 选用 D42 的 900 Ω 变阻器,并采用分压器接法。R_1 选用 D44 的 180 Ω 变阻器。R_2 为发电机的负载电阻选用 D42,采用串并联接法(900 Ω 与 900 Ω 电阻串联加上 900 Ω 与 900 Ω 并联), 阻值为 2 250 Ω。当负载电流大于 0.4 A 时用并联部分,而将串联部分阻值调到最小并用导线短接。直流电流表、电压表选用 D31 并选择合适的量程。

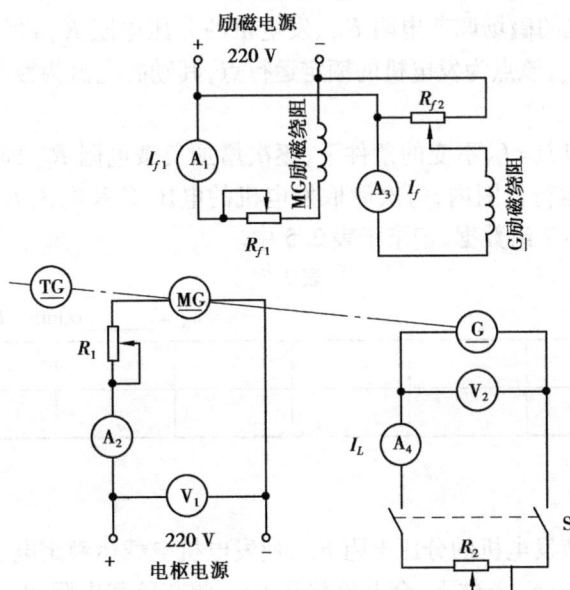

图 2.3　直流他励发电机接线图

1)测空载特性

①将发电机 G 的负载开关 S 打开,接通控制屏上的励磁电源开关,将 R_{f2} 调至使 G 励磁电压最小的位置。

②使 MG 电枢串联起动电阻 R_1 阻值最大,R_{f1} 阻值最小。仍先接通控制屏下方左边的励磁电源开关,在观察到 MG 的励磁电流为最大的条件下,再接通控制屏下方右边的电枢电源开关,起动直流电动机 MG,其旋转方向应符合正向旋转的要求。

③电动机 MG 起动正常运转后,将 MG 电枢串联电阻 R_1 调至最小值,将 MG 的电枢电源电压调为 220 V;调节电动机磁场调节电阻 R_{f1},使发电机转速达额定值,并在以后整个实验过程中始终保持此额定转速不变。

④调节发电机励磁分压电阻 R_{f2},使发电机空载电压达 $U_0 = 1.2\ U_N$ 为止。

⑤在保持 $n = n_N = 1\ 600\ \mathrm{r/min}$ 条件下,从 $U_0 = 1.2\ U_N$ 开始,单方向调节分压器电阻 R_{f2} 使发电机励磁电流逐次减小,每次测取发电机的空载电压 U_0 和励磁电流 I_f,直至 $I_f = 0$(此时测得的电压即为电机的剩磁电压)。

⑥测取数据时,$U_0 = U_N$ 和 $I_f = 0$ 两点必测,并在 $U_0 = U_N$ 附近测点应较密。

⑦共测取 8~10 组数据,记录于表 2.4 中。

表 2.4

$n = n_N = 1\ 600\ \mathrm{r/min}$　　$I_L = 0$

U_0/V								
I_f/mA								

2)测外特性

①将发电机负载电阻 R_2 调到最大值,合上负载开关 S。

②同时调节电动机的磁场调节电阻 R_{f1}、发电机的分压电阻 R_{f2} 和负载电阻 R_2,使发电机的 $I_L = I_N$,$U = U_N$,$n = n_N$,该点为发电机的额定运行点,其励磁电流为额定励磁电流 I_{fN},记录该组数据。

③在保持 $n = n_N$ 和 $I_f = I_{fN}$ 不变的条件下,逐次增加负载电阻 R_2,即减小发电机负载电流 I_L,从额定负载到空载运行范围内,每次测取发电机的电压 U 和电流 I_L,直到空载(断开开关 S,此时 $I_L = 0$),共取 6~7 组数据,记录于表 2.5 中。

表 2.5

$n = n_N = $_____ r/min　　$I_f = I_{fN} = $_____ mA

U/V							
I_L/A							

3)测调整特性

①保持 $n = n_N$,调节发电机的分压电阻 R_{f2},使发电机空载达额定电压。

②在保持发电机 $n = n_N$ 条件下,合上负载开关 S,调节负载电阻 R_2,逐次增加发电机输出电流 I_L,同时相应调节发电机励磁电流 I_f,使发电机端电压保持额定值 $U = U_N$。

③从发电机的额定负载至空载范围内每次测取发电机的输出电流 I_L 和励磁电流 I_f,共测

取5～6组数据记录于表2.6中。

表2.6

$n = n_N = $ _____ r/min $U = U_N = $ _____ V

I_L/A						
I_f/mA						

（2）并励发电机实验

1）观察自励过程

①正确停止直流发电机组,在断电的条件下将发电机 G 的励磁方式从他励改为并励,接线如图2.4所示。R_{f2}选用 D42 的 900 Ω 电阻两只相串联并调至最大阻值,打开开关S。

②正确起动直流发电机组,调节电动机的转速,使发电机的转速 $n = n_N$,用直流电压表测量发电机是否有剩磁电压,若无剩磁电压,可将并励绕组改接成他励方式进行充磁。

③合上开关S逐渐减小 R_{f2},观察发电机电枢两端的电压,若电压逐渐上升,说明满足自励条件。如果不能自励建压,将励磁回路的两个端头对调联接即可。

④对应一定的励磁电阻,逐步降低发电机转速,使发电机电压随之下降,直至电压不能建立,此时的转速即为临界转速。

2）测外特性

①按图2.4接线,调节负载电阻 R_2 到最大,合上负载开关S。

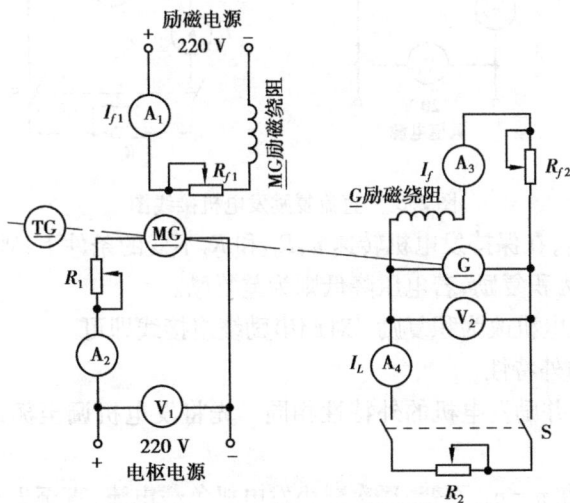

图2.4　直流并励发电机接线图

②调节电动机的磁场电阻 R_{f1}、发电机的磁场电阻 R_{f2} 和负载电阻 R_2,使发电机的转速、输出电压和电流三者均达额定值,即 $n = n_N$,$U = U_N$,$I_L = I_N$。

③保持此时 R_{f2} 的值和 $n = n_N$ 不变,逐次减小负载,直至 $I_L = 0$,从额定到空载运行范围内每次测取发电机的电压 U 和电流 I_L。

④共取6～7组数据,记录于表2.7中。

表2.7

$n = n_N =$ _____ r/min $R_{f2} =$ 常值

U/V							
I_L/A							

(3)复励发电机实验

1)积复励和差复励的判别

①接线如图2.5所示，R_{f2} 选用 D42 的 1 800 Ω 阻值。C_1，C_2 为串励绕组。

②合上开关 S_1 将串励绕组短接，使发电机处于并励状态运行，按上述并励发电机外特性试验方法调节发电机输出电流 $I_L = 0.5I_N$。

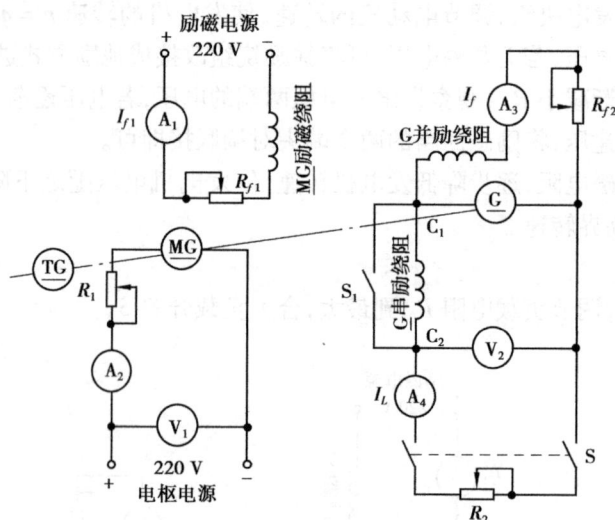

图2.5 直流复励发电机接线图

③打开短路开关 S_1，在保持发电机转速 n，R_{f2} 和 R_2 不变的条件下，观察发电机端电压的变化，若此时电压升高即为积复励，若电压降低则为差复励。

④如要把差复励发电机改为积复励，对调串励绕组接线即可。

2)积复励发电机的外特性

①实验方法与测取并励发电机的外特性相同。先将发电机调至额定运行点，$n = n_N$，$U = U_N$，$I_L = I_N$。

②保持此时的 R_{f2} 和 $n = n_N$ 不变，逐次减小发电机负载电流，直至 $I_L = 0$。

③从额定负载到空载范围内，每次测取发电机的电压 U 和电流 I_L，共 6~7 组数据，记录于表2.8中。

表2.8

$n = n_N =$ _____ r/min $R_{f2} =$ 常数

U/V							
I_L/A							

2.2.5　思考题

①什么是发电机的运行特性? 在求取直流发电机的特性曲线时,哪些物理量应保持不变,哪些物理量应测取?

②做空载特性实验时,励磁电流为什么必须保持单方向调节?

③并励发电机的自励条件有哪些? 当发电机不能自励时应如何处理?

④如何确定复励发电机是积复励还是差复励?

⑤直流电动机起动时和起动后的电阻各应放在什么位置? 当电阻中的电流超过其允许值时,应用导线将两端短接,否则将烧坏电阻或熔断器。

⑥在发电机—电动机组成的机组中,当发电机负载增加时,为什么机组的转速会变低? 为了保持发电机的转速 $n = n_N$,应如何调节?

2.2.6　实验报告

①根据空载实验数据,作出空载特性曲线,由空载特性曲线计算出被试电机的饱和系数和剩磁电压的百分数。

②在同一坐标纸上绘出他励、并励和复励发电机的三条外特性曲线。分别算出三种励磁方式的电压变化率 $\Delta U\% = \dfrac{U_0 - U_N}{U_N}100\%$,并分析差异原因。

③绘出他励发电机调整特性曲线,分析在发电机转速不变的条件下,负载增加时,要保持端电压不变,必须增加励磁电流的原因。

2.3　直流并励电动机

2.3.1　实验目的

①掌握用实验方法测取直流并励电动机的工作特性和机械特性。

②掌握直流并励电动机的调速方法。

③观察直流并励电动机的能耗制动过程。

2.3.2　实验内容

(1)工作特性和机械特性

保持 $U = U_N$ 和 $I_f = I_{fN}$ 不变,测取工作特性 n、T_2、$\eta = f(I_a)$ 和机械特性 $n = f(T_2)$。

(2)调速特性

①改变电枢电压调速:保持 $U = U_N,I_f = I_{fN} =$ 常数,$T_2 =$ 常数,测取 $n = f(U_1)$。

②改变励磁电流调速:保持 $U = U_N,T_2 =$ 常数,测取 $n = f(I_f)$。

③观察能耗制动过程。

2.3.3 实验设备及其挂件参考顺序

(1)实验设备
实验设备见表2.9。

表2.9

序　号	型　号	名　称	数　量
1	DD03	导轨、测速发电机及转速表	1台
2	DJ23	校正直流测功机	1台
3	DJ15	直流并励电动机	1台
4	D31	直流电压表、毫安表、电流表	2件
5	D42	三相可调电阻器	1件
6	D44	可调电阻器、电容器	1件
7	D51	波形测试及开关板	1件

(2)屏上挂件排列参考顺序
其顺序是:D31,D42,D51,D31,D44。

2.3.4 实验方法

(1)并励电动机的工作特性和机械特性
①按图2.6接线。校正直流测功机 MG 按他励发电机连接,在此作为直流电动机 M 的负载,用于测量电动机的转矩和输出功率。R_{f1} 选用 D44 的"1 800 Ω 0.41 A"阻值。R_{f2} 选用 D42 的"1 800 Ω 0.41 A"阻值。R_1 用 D44 的"180 Ω 1.3 A"阻值。R_2 选用 D42 的 900 Ω 串联 900 Ω,再加 900 Ω 与 900 Ω 的并联阻值,共 2 250 Ω。

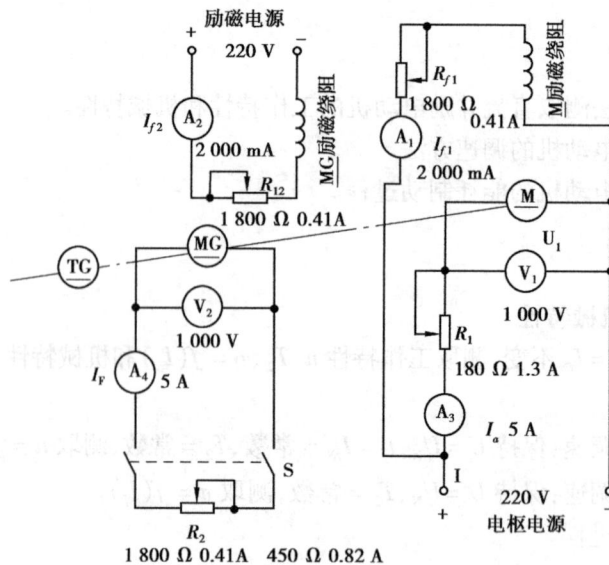

图2.6 直流并励电动机接线图

②将直流并励电动机 M 的磁场调节电阻 R_{f1} 调至最小值,电枢串联起动电阻 R_1 调至最大值,接通控制屏下边右方的电枢电源开关使其起动。

③M 起动正常后,将其电枢串联电阻 R_1 调至零,调节电枢电源的电压为 220 V,调节校正直流测功机的励磁电流 I_{f2} 为校正值(100 mA),再调节其负载电阻 R_2 和电动机的磁场调节电阻 R_{f1},使电动机达到额定值: $U_1 = U_N$, $I_a = I_N$, $n = n_N$。此时,M 的励磁电流 I_{f1} 即为额定励磁电流 I_{f1N}。

④保持 $U_1 = U_N$,$I_{f1} = I_{f1N}$,I_{f2} 为校正值不变的条件下,逐次减小电动机负载。测取电动机电枢输入电流 I_a、转速 n 和校正电机的负载电流 I_f(由校正曲线查出电动机输出对应转矩 T_2)。共取 9 ~ 10 组数据,记录于表 2.10 中。

表 2.10

$U_1 = U_N =$ _____ V　　$I_{f1} = I_{f1N} =$ _____ mA　　$I_{f2} =$ _____ mA

实验数据	I_a/A									
	$n/(\text{r} \cdot \text{min}^{-1})$									
	I_f/A									
	$T_2/(\text{N} \cdot \text{m})$									
计算数据	P_2/W									
	P_1/W									
	$\eta/\%$									
	$\Delta n/\%$									

(2)调速特性

在保持电动机输出转矩 T_2 为常数的条件下调速。

1)改变电枢端电压的调速

①直流电动机 M 运行后,将电阻 R_1 调至零,I_{f2} 调至校正值(100 mA),再调节负载电阻 R_2、电枢电压及磁场电阻 R_{f1},使 M 的 $U_1 = U_N$,$I_a = 0.5 I_N$,$I_{f1} = I_{f1N}$,记下此时 MG 的 I_F 值。

②保持此时的 I_F、I_{f2} 值(即 T_2 值)和 $I_{f1} = I_{f1N}$ 不变,逐次增加 R_1 的阻值,降低电枢两端的电压 U_1,使 R_1 从零均匀调至最大值。每次测取电动机的端电压 U_1、转速 n 和电枢电流 I_a,共取 8 ~ 9 组数据,记录于表 2.11 中。

表 2.11

$I_f = I_{f1N} =$ _____ mA　　$T_2 =$ _____ N · m　　$I_F =$ _____ A　I_{f2} _____ mA

U_1/V								
$n/(\text{r} \cdot \text{min}^{-1})$								
I_a/A								

2)改变励磁电流调速

①直流电动机运行后,将 M 的电枢串联电阻 R_1 和磁场调节电阻 R_{f1} 调至零,将 MG 的励磁电流 I_{f2} 调至校正值(100 mA),再调节 M 的电枢电源调压旋钮和 MG 的负载,使电动机 M 的

$U_1 = U_{1N}$，$I_a = 0.5 I_N$，记下此时的 I_f 值。

②保持此时 MG 的 I_f、I_{f2} 值（T_2 值）和 M 的 $U_1 = U_{1N}$ 不变，逐次增加直流电动机的磁场电阻阻值直至 $n = 1.2 n_N$。每次测取电动机的 n、I_{f1} 和 I_a，共取 7～8 组数据，记录于表 2.12 中。

表 2.12

$U = U_N = \underline{\hspace{2cm}}$ V $T_2 = \underline{\hspace{2cm}}$ N·m

$n/(\text{r} \cdot \text{min}^{-1})$							
I_f/mA							
I_a/A							

（3）能耗制动

1）实验设备

表 2.13

序　号	型　号	名　称	数　量
1	DD03	导轨、测速发电机及转速表	1 台
2	DJ23	校正直流测功机	1 台
3	DJ15	直流并励电动机	1 台
4	D31	直流电压表、毫安表、安培表	2 件
5	D41	三相可调电阻器	1 件
6	D42	三相可调电阻器	1 件
7	D44	可调电阻器、电容器	1 件
8	D51	波形测试及开关板	1 件

2）屏上挂件排列顺序

其顺序是：D31，D42，D51，D41，D31，D44。

3）实验步骤

①按图 2.7 接线，先将 S_1 合向 2 端，合上控制屏下方右边的电枢电源开关，将 M 的 R_{f1} 调至零，使电动机的励磁电流最大。

②把 M 的电枢串联起动电阻 R_1 调至最大，把 S_1 合至电枢电源，使电动机起动，能耗制动电阻 R_L 选用 D41 上的 180 Ω 阻值。

③电动机运转正常后，从 S_1 任一端拔出一根导线插头，使电枢开路。由于电枢开路，电机处于自由停机，记录停机时间。

④重复起动电动机，待其运转正常后，把 S_1 合向 R_L 端，记录停机时间。

⑤选择 R_L 不同的阻值，观察其对停机时间的影响。

2.3.5　思考题

①直流电动机的工作特性和机械特性各指哪些特性？试验时各应保持哪些物理量不变和应测取哪些数据？

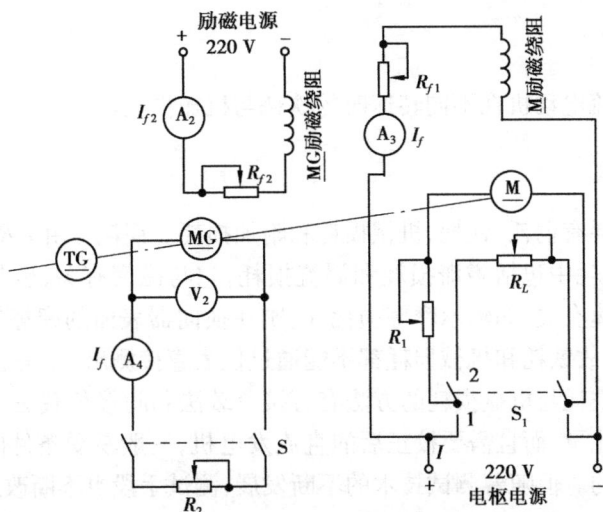

图 2.7 并励电动机能耗制动接线图

②直流并励电动机的调速原理是什么? 有哪些调速方法? 恒转矩负载调速各应保持哪些物理量不变和应测取哪些数据?

③能耗制动的基本原理是什么? 每次能耗制动后重新起动机组,R_1 应放在什么位置?

2.3.6 实验报告

①由表 2.10 计算出 P_2 和 η,并绘出工作特性 n、T_2、$\eta = f(I_a)$ 和机械特性 $n = f(T_2)$ 曲线。

电动机输出功率: $\qquad P_2 = 0.105\ nT_2$

式中,输出转矩 T_2 的单位为 N·m(由 I_{f2} 及 I_f 值,从校正曲线 $T_2 = f(I_f)$ 查得),转速 n 的单位为 r/min。

电动机输入功率: $\qquad P_1 = U_I I$

输入电流: $\qquad I = I_a + I_{fN}$

电动机效率: $\qquad \eta = \dfrac{P_2}{P_1} \times 100\%$

由工作特性求出转速变化率: $\Delta n = \dfrac{n_0 - n_N}{n_N} \times 100\%$

②绘出并励电动机调速特性曲线 $n = f(U_1)$ 和 $n = f(I_f)$。分析在恒转矩负载时两种调速的电枢电流变化规律以及两种调速方法的优缺点。

③试述能耗制动时间与制动电阻 R_L 的阻值的关系和原因。该制动方法有什么缺点?

2.4 用损耗分析法求直流电动机的效率

2.4.1 实验目的

掌握用损耗分析法求直流电动机的效率的方法。

2.4.2 实验内容

用空载法测取直流电动机在不同转速时的铁耗与机械损耗。

2.4.3 实验方法

直流电动机的损耗有铜耗、铁耗、机械损耗和附加损耗。铜耗可由 I^2R 计算出来。附加损耗很小,可以估算。铁耗中包括磁滞损耗和涡流损耗,它与磁密有关,也与频率 f(转速 n)有关。机械损耗只与转速有关,如轴承摩擦损耗,电刷在换向器表面的摩擦损耗,电枢等的风阻损耗以及通风损耗等,故铁耗和机械损耗都不能通过仪表直接测出,而是通过空载特性测得。

测定直流电机的铁耗与机械损耗的方法有直接负载法和间接负载法(又称损耗分析法)。直接负载法不仅消耗能量,而且需要校正后的直流发电机,一般易受条件的限制,且对于大容量电机是不容易做到的。但随着测试技术的不断发展,测试手段也不断改进,且直接负载又具有直接测取输入输出功率的优点,与间接法相比,避免了由于分析、作曲线所引起的误差,故在条件许可的地方可采取直接负载法测量电机的效率。间接负载法克服了直接负载法的缺点,只要作图仔细,准确度还是较高的,因而被广泛采用。但分析法的计算量较多,比较麻烦,就不如直接负载法来得迅速、直观。下面用间接法来求取直流电动机的效率。

设铁耗 p_{Fe} 与机械损耗 p_{mec} 之和为 p_0 则 $p_0 = p_{Fe} + p_{mec}$,不管空载还是负载,若电机转速不变,机械损耗亦不变,磁密的交变频率 f 亦不变,则铁耗 p_{Fe} 只与磁密 B_m(电势 E)有关。根据这个分析,我们就可以通过空载实验求得在不同转速下的 $p_0 = f(E)$ 曲线。式中,$p_0 = U_{10}I_{1a} - I_{1a}^2$,$E = U_{10} - I_{1a}R_a$,$I_{1a} = I_{10} - I_{f1}$,$R_a$ 在 2.1 中已测得,U_{10},I_{10} 可测。在某一负载的情况下测得 U_1,I_1,I_{f1},就可以通过电势平衡方程式求出 $E = U_{10} - I_{1a}R_{a75℃}$,$I_{1a} = I_1 - I_{f1}$。而在空载时的 $p_0 = f(E)$ 曲线上用插值法查得对应于某一转速、某一负载的铁耗与机械耗之和 p_0,已知负载电流、励磁电流以及电枢电阻、励磁电阻,就可以算出电机的铜耗 $p_{cu} = I^2R$,进而可以算出总损耗 $\sum p$

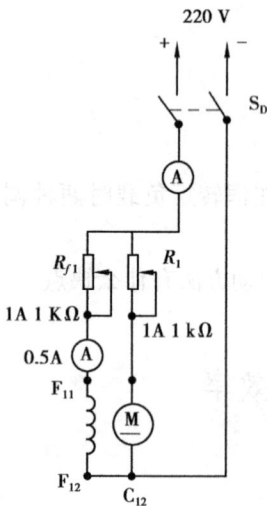

220 V

R_{f1} R_1

1A 1 KΩ

1A 1 kΩ

0.5A

F_{11}

F_{12} C_{12}

S_D

图 2.8 间接法接线图

$$\sum p = p_{cua} + p_{cub} + p_{\Delta u} + p_{Fe} + p_{mec} + p_{ad}$$

p_{ad} 可以估算:电机无补偿绕组时,$p_{ad} = 0.01\left(\dfrac{I}{I_N}\right)^2 P_N$;当电机有补偿绕组时,$p_{ad} = 0.005\left(\dfrac{I}{I_N}\right)^2 P_N$。已知 $\sum p$ 和输入功率 $p_1 = U_1I_1$,便可计算电机的效率 $\eta = \left(1 - \dfrac{\sum p}{p_1}\right) \times 100\%$。

通过以上分析可知,用间接法求电机的效率,首先必须计算铁耗,具体步骤如下:

(1)起动

将联轴器拆开,正确选择仪器仪表(一般空载电流 $I_0 < 15\% I_N$),按图 2.8 接好线路,合上开关 S_D,正确起动直流电动机(起动时 R_1 置零),正确操作转速表。起动电机运行 5 min 左右,使轴承、电刷摩擦损耗值稳定。

（2）测取数据

①作第一条 $p_0 = f(E_0)$ 曲线。调节励磁回路电阻 R_{f1}，保持 $n = 1\,450$ r/min 不变，使外施电压从 $U_0 = U_N$ 开始，且在降低电压的过程中，测取空载电压 U_{10}、空载电流 I_{10} 以及励磁电流 I_{f1} 的数据 5~7 组列于表 2.14 中，直至转速不能维持 1 450 r/min 为止。

表 2.14

$n = 1\,450$ r/min

U_{10}/V							
I_{10}/A							
I_{f1}/A							
E_0/A							
p_0/A							

②作第二条 $p_0 = f(E_0)$ 曲线，其方法与作第一条完全一样，仅改变 $n = 1\,500$ r/min 并保持恒定，仍测数据 5~7 组列于表 2.15 中，直到转速不能保持 $n = 1\,500$ r/min 为止。

表 2.15

$n = 1\,500$ r/min

U_{10}/V							
I_{10}/A							
I_{f1}/A							
E_0/A							
p_0/A							

③按照上述方法作 $n = 1\,450$ r/min 时的 $p_0 = f(E_0)$ 曲线的方法，分别作 $n = 1\,550$ r/min，$n = 1\,600$ r/min，$n = 1\,650$ r/min，$n = 1\,700$ r/min 的 $p_0 = f(E_0)$ 曲线，分别列于表 2.16、表 2.17、表 2.18、表 2.19 中。

表 2.16

$n = 1\,550$ r/min

U_{10}/V							
I_{10}/A							
I_{f1}/A							
E_0/A							
p_0/A							

表 2.17

$n = 1\ 600\ \text{r/min}$

U_{10}/V						
I_{10}/A						
I_{fl}/A						
E_0/A						
p_0/A						

表 2.18

$n = 1\ 600\ \text{r/min}$

U_{10}/V						
I_{10}/A						
I_{fl}/A						
E_0/A						
p_0/A						

表 2.19

$n = 1\ 700\ \text{r/min}$

U_{10}/V						
I_{10}/A						
I_{fl}/A						
E_0/A						
p_0/A						

2.4.4 思考题

①直流电机有哪几种损耗？大小与哪些因素有关？

②空载时,直流电机主要有哪几种损耗？各与哪些因素有关？

③损耗分析法的基本原理是什么？

2.4.5 实验报告

(1)根据空载实验数据绘出 $p_0 = f(E_0)$ 六条曲线

①计算 I_{1a}, $I_{1a} = I_{10} - I_{fl}$。

②计算空载电势 E_0, $E_0 = U_{10} - I_{1a}R_a$。

③计算 p_0, $p_0 = U_{10}I_{1a} - I_{1a}^2R_a = E_aI_{1a}$；$R_a$ 为 2.1 节中测得没有折算的值。

④绘制曲线 $p_0 = f(E_0)$。

(2)计算直流电动机在额定转速时的效率

①计算不同电流时的电枢铜耗 $p_{cua} = I_{1a}^2 R_{a75\,℃}$

②励磁损耗(负载时), $P_{cuf} = U_{1N}I_{f1}$。

③电刷接触损耗 $p_{\Delta u} = 2\Delta U I_{1a}$。

④计算不同负载时的 E_a,从空载损耗特性曲线 $p_0 = f(E_0)$ 上查出对应于 E_a 的铁耗与机械损耗之和 $p_0 = p_{Fe} + p_{mec}$。

⑤计算附加损耗 p_{ad}。在额定运行时: $p_{adN} = 0.01\,p_N$(无补偿绕组); $p_{adN} = 0.005\,p_N$(有补偿绕组)。

有些实验室电机无补偿绕组,在非额定运行时, $p_{ad} = \left(\dfrac{I}{I_N}\right)^2 p_{adN}$。

⑥计算总损耗, $\sum p = p_{cua} + p_{cuf} + p_{\Delta u} + p_0 + p_{ad}$;

⑦计算电动机的效率, $\eta = \left(1 - \dfrac{\sum p}{p_1}\right) \times 100\%$。

将上述计算填入表2.20(在表2.20中,略去负载变化时对转速的影响,即略去机械损耗的变化和频率对铁耗的影响,查 $n = n_N$ 那一条 $p_0 = f(E_0)$ 曲线即可。

表2.20

I	p_{cua}/W	p_{cuf}/W	$P_{\Delta u}/\mathrm{W}$	$p_{Fe}+p_{mec}/\mathrm{W}$	P_{ad}/W	$\sum p/\mathrm{W}$	P_1/W	$\eta = \left(1 - \dfrac{\sum p}{p_1}\right) \times 100\%$
$0.25\,I_N$								
$0.5I_N$								
$0.75I_N$								
I_N								
$1.25\,I_N$								

第 **3** 章
变压器实验

3.1　单相变压器

3.1.1　实验目的

①掌握单相变压器空载、短路、负载实验的实验方法。
②掌握确定单相变压器的参数及运行特性的方法。

3.1.2　实验内容

(1)空载实验

测取空载特性 $U_0 = f(I_0)$，$p_0 = f(U_0)$，$\cos \varphi_0 = f(U_0)$。

(2)短路实验

测取短路特性 $U_k = f(I_k)$，$p_k = f(I_k)$，$\cos \varphi_k = f(I_k)$。

(3)负载实验

1)纯电阻负载

保持 $U_1 = U_N$，$\cos \varphi_2 = 1$ 的条件下，测取 $U_2 = f(I_2)$。

2)阻感性负载

保持 $U_1 = U_N$，$\cos \varphi_2 = 0.8$(滞后)的条件下，测取 $U_2 = f(I_2)$。

3.1.3　设备及屏上挂件参考排列顺序

(1)实验设备

实验设备见表3.1。

表3.1

序　号	型　号	名　　称	数量/件
1	D33	交流电压表	1
2	D32	交流电流表	1
3	D34-2	单三相智能功率、功率因数表	1
4	DJ11	三相组式变压器	1
5	D42	三相可调电阻器	1
6	D43	三相可调电抗器	1
7	D51	波形测试及开关板	1

（2）屏上挂件参考排列顺序

其排列顺序是：D33，D32，D34-3，DJ11，D42，D43。

3.1.4　实验方法

（1）空载实验

①在三相调压器交流电源断电的条件下，按图3.1接线（线路为高阻抗连接方式）。被测变压器选用三相组式变压器 DJ11 中的一只作为单相变压器，其额定容量 $S_N = 77$ V·A，$U_{1N}/U_{2N} = 220/55$ V，$I_{1N}/I_{2N} = 0.35/1.4$ A。变压器的低压线圈 a、x 接电源，高压线圈 A、X 开路。

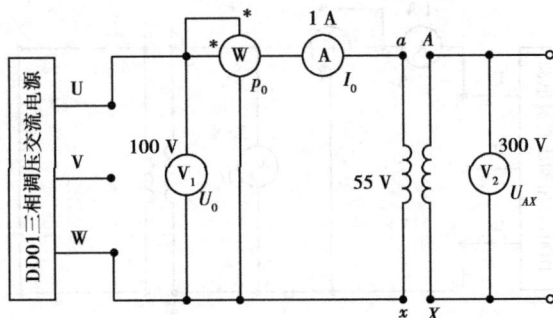

图3.1　空载实验接线图

②选好所有电表量程。对于电力变压器，当空载电压为额定电压时，其空载电流为额定电流的4%。将控制屏左侧调压器手轮向逆时针方向旋转到底，即将其调到输出电压为零的位置。

③合上交流电源总开关，按下"开"按钮便接通了三相交流电源。调节三相调压器手轮，使变压器空载电压 $U_0 = 1.2U_N$，然后逐次降低电源电压，在$(1.2 \sim 0.2)U_N$的范围内测取变压器的 U_0，I_0，p_0。

④测取数据时，希望在 $U = U_N$ 点测取一组数据，并在该点附近测的点较密。共测取 8～10 组数据，记录于表3.2中。

⑤为了计算变压器的变比，在 U_N 以下测取原方电压的同时测出副边电压数据也记录于表3.2中。

43

表 3.2

序 号	实验数据				计算数据
	U_0/V	I_0/A	p_0/W	U_{AX}/V	$\cos\varphi_0$

(2)短路实验

①按下控制屏上的"关"按钮,切断三相调压器交流电源,按图 3.2 接线(以后每次改接线路都要关断电源)。将变压器的高压线圈接电源,低压线圈直接短路。

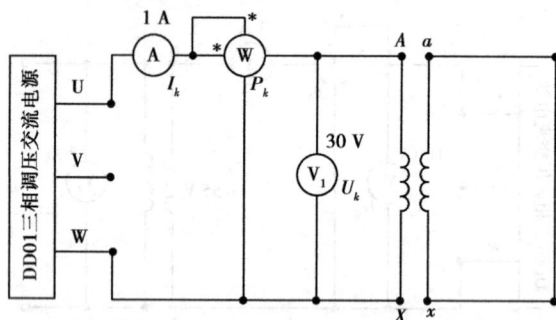

图 3.2　短路实验接线图

②选好所有电表量程(对于电力变压器,当短路电流为额定电流时,其电压约为额定电压的 4%),将交流调压器手轮调到输出电压为零的位置。

③接通交流电源,逐次缓慢增加变压器输入电压,直到短路电流等于 $1.1I_N$ 为止,在 $(1.1 \sim 0.2)I_N$ 范围内测取变压器的 U_k, I_k, p_k。

④测取数据时,希望在 $I_k = I_N$ 点测取一组数据,共测取 6～7 组数据,记录于表 3.3 中。实验时要记下室内温度。

表3.3

室温_____ ℃

序 号	实验数据			计算数据
	U_k/V	I_k/A	P_k/W	$\cos \varphi_k$

（3）负载实验

实验线路如图3.3所示，将变压器低压线圈接电源，高压线圈经过开关S_1和S_2接到负载电阻R_L和电抗X_L上。R_L选用D42上900 Ω再加900 Ω共1 800 Ω阻值，X_L选用D43，功率因数表选用D34-2，开关S_1和S_2选用D51挂箱。

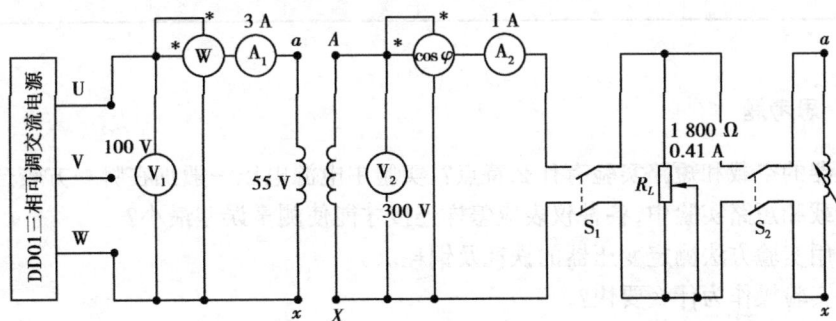

图3.3 负载实验接线图

1）纯电阻负载

①将调压器手轮调到输出电压为零的位置，S_1、S_2打开，将负载电阻值调到最大。

②接通交流电源，逐渐升高电源电压，使变压器输入电压$U_1 = U_{1N}$。

③保持$U_1 = U_{1N}$，合上S_1，逐渐增加负载电流，即减小负载电阻R_L的值，使变压器工作于额定运行点，即$U_1 = U_{1N}$，$I_2 = I_{2N}$。读取此时输出电压、电流U_2、I_2以及输入功率P_1，然后保持$U_1 = U_{1N}$不变，在负载从额定运行点调至空载的范围内测取变压器的输出电压U_2和电流I_2以及输入功率P_1，共测取6～7组数据记录于表3.4中（注意：$I_2 = 0$和$I_2 = I_{2N} = 0.35$ A必测）。

45

表 3.4

$$\cos\varphi_2 = 1 \qquad U_1 = U_{1N} = \underline{\hspace{2cm}} \text{ V}$$

序　号						
U_2/V						
I_2/A						
P_1/W						
P_2/W						
η						

2)阻感性负载($\cos\varphi_2 = 0.8$滞后)

①用电抗器 X_L 和电阻 R_L 并联作为变压器的负载,S_1、S_2 打开,电阻及电抗值调至最大。

②接通交流电源,升高电源电压至 $U_1 = U_{1N}$。

③合上 S_1、S_2,在保持 $U_1 = U_N$ 及 $\cos\varphi_2 = 0.8$(滞后)条件下逐渐增加负载电流,从额定负载变化到空载的范围内测取变压器 U_2 和 I_2。

④测取数据时,其 $I_2 = 0$,$I_2 = I_{2N}$ 两点必测,共测取 6~7 组数据记录于表 3.5 中。

表 3.5

$$\cos\varphi_2 = 0.8(\text{滞后}) \qquad U_1 = U_N = \underline{\hspace{2cm}} \text{ V}$$

序　号						
U_2/V						
I_2/A						

3.1.5　思考题

①变压器的空载和短路实验有什么特点? 实验中电源电压一般加在哪一方较合适?

②在空载和短路实验中,各种仪表应怎样连接才能使测量误差最小?

③如何用实验方法测定变压器的铁耗及铜耗。

④短路实验操作为什么要快?

3.1.6　实验报告

(1)计算变比

由空载实验测变压器的原副边电压的数据,再分别计算出变比,然后取其平均值作为变压器的变比

$$k = \frac{U_{AX}}{U_{ax}}$$

(2)绘出空载特性曲线和计算激磁参数

①绘出空载特性曲线 $U_0 = f(I_0)$,$p_0 = f(U_0)$,$\cos\varphi_0 = f(U_0)$。其中,$\cos\varphi_0 = \dfrac{p_0}{U_0 I_0}$

②计算激磁参数。

从空载特性曲线上查出对应于 $U_0 = U_N$ 时的 I_0 和 p_0 值，并由下式算出激磁参数（由于空载电流很小，略去空载时的铜耗，即认为空载损耗为铁耗）。

$$r_m = \frac{p_0}{I_0^2}$$

$$Z_m = \frac{U_0}{I_0}$$

$$X_m = \sqrt{Z_m^2 - r_m^2}$$

（3）绘出短路特性曲线和计算短路参数

①绘出短路特性曲线 $U_k = f(I_k)$，$p_k = f(I_k)$，$\cos \varphi_k = f(I_k)$。

②计算短路参数，其中，$\cos \varphi_k = \dfrac{p_k}{U_k I_k}$

从短路特性曲线上查出对应于短路电流 $I_k = I_N$ 时的 U_k 和 p_k 值，由下式算出实验环境温度为 θ（℃）时的短路参数。

$$Z_k' = \frac{U_k}{I_k}$$

$$r_k' = \frac{p_k}{I_k^2}$$

$$X_k' = \sqrt{Z_k'^2 - r_k'^2}$$

折算到低压方

$$Z_k = \frac{Z_k'}{k^2}$$

$$r_k = \frac{r_k'}{k^2}$$

$$X_k = \frac{X_k'}{k^2}$$

由于短路电阻 r_k 随温度变化，因此，算出的短路电阻应按国家标准换算到基准工作温度 75 ℃时的阻值。

$$r_{k75\,℃} = r_{k\theta} \frac{234.5 + 75}{234.5 + \theta}$$

$$Z_{k75\,℃} = \sqrt{r_{k75\,℃}^2 + X_k^2}$$

式中，234.5 为铜导线的常数，若用铝导线则常数应改为 228。

计算短路电压（阻抗电压）百分数

$$u_k = \frac{I_N Z_{k75\,℃}}{U_N} \times 100\%$$

$$u_{kr} = \frac{I_N r_{k75\,℃}}{U_N} \times 100\%$$

$$u_{kx} = \frac{I_N X_k}{U_N} \times 100\%$$

$I_k = I_N$ 时，短路损耗 $p_{kN} = I_N^2 r_{k75\,℃}$。

将该台变压器的 u_k 与国家标准进行比较，国家标准规定，对于中小型电力变压器，其 u_k 值为 4% ~ 8%，大型电力变压器为 8% ~ 14%。

（4）根据空载和短路参数画出被试变压器的 T 型等值电路

令
$$r_1 = r_2' = \frac{1}{2} r_{k75\,℃}, X_1 = X_2' = \frac{1}{2} X_k$$

（5）确定变压器的电压变化率 Δu

根据负载实验数据，绘出 $\cos \varphi_2 = 1$、$\cos \varphi_2 = 0.8$（滞后）的外特性曲线 $U_2 = f(I_2)$，并用两种方法计算 $\cos \varphi_2 = 1$、$\cos \varphi_2 = 0.8$（滞后）负载的电压变化率 Δu。

$$\Delta u = \frac{U_{20} - U_2}{U_{2N}} \times 100\%$$

$$\Delta u = \beta(u_{xr}\cos \varphi_2 + u_{kx}\sin \varphi_2)$$

式中　β——负载系数，$\beta = \dfrac{I_2}{I_{2N}}$。

比较两种方法计算出的 Δu 值的大小以及分析负载性质对电压变化率的影响。

（6）确定变压器的效率

①由负载实验数据计算 $\cos \varphi_2 = 1$ 和 $\cos \varphi_2 = 0.8$（滞后）两种情况的额定效率

$$\eta = \frac{P_2}{P_1} \times 100\%$$

式中　$P_2 = U_2 I_2 \cos \varphi_2$。

②由间接法计算 $\cos \varphi_2 = 1$ 和 $\cos \varphi_2 = 0.8$（滞后）两种情况的效率

$$\eta = \frac{P_2}{P_1} \times 100\% = \frac{P_2}{P_2 + p_0 + \beta^2 p_{kN}}$$

式中　$P_2 = \beta S_N \cos \varphi_2$；

　　　S_N——变压器的额定容量；

　　　p_0——额定电压时的空载损耗；

　　　p_{kN}——额定电流时的短路损耗。

取 $\beta = 0.2, 0.4, 0.6, 0.8, 1.0, 1.2$ 并算出各点，列于表 3.6、3.7 中。

表 3.6

$\cos \varphi_2 = 1$

序　号	β	P_2/W	p_0/W	$\beta^2 p_{kN}$/W	η%

表 3.7

$\cos \varphi_2 = 0.8$（滞后）

序　号	β	P_2/W	p_0/W	$\beta^2 p_{kN}$/W	η%

比较在额定运行点$(\beta=1)$由两种方法计算得的 $\cos\varphi_2=1$ 和 $\cos\varphi_2=0.8$(滞后)的效率的大小。

③计算被试变压器最大效率时的负载系数 $\beta_m=\sqrt{\dfrac{p_0}{p_{kN}}}$。

3.2 三相变压器

3.2.1 实验目的

①通过空载和短路实验,测定三相变压器的变比和参数。
②通过负载实验,测取三相变压器的运行特性。

3.2.2 实验内容

①测定变比。
②空载实验,测取空载特性 $U_{0L}=f(I_{0L})$,$p_0=f(U_{0L})$,$\cos\varphi_0=f(U_{0L})$。
③短路实验,测取短路特性 $U_{kL}=f(I_{kL})$,$p_k=f(I_{kL})$,$\cos\varphi_k=f(I_{kL})$。
④纯电阻负载实验,保持 $U_1=U_N$,$\cos\varphi_2=1$ 的条件下,测取 $U_2=f(I_2)$。

3.2.3 实验设备及屏上挂件参考顺序

(1)实验设备
实验设备见表3.8。

表3.8

序 号	型 号	名 称	数量/件
1	D33	交流电压表	1
2	D32	交流电流表	1
3	D34-2	单三相智能功率、功率因数表	1
4	DJ12	三相芯式变压器	1
5	D42	三相可调电阻器	1
6	D51	波形测试及开关板	1

(2)屏上挂件参考排列顺序
其顺序是:D33,D32,D34-3,DJ12,D42,D51。

3.2.4 实验方法

(1)测定变比
实验线路如图 3.4 所示,被测变压器选用 DJ12 三相三线圈芯式变压器,额定容量 $P_N=$ 152/152/152 W,$U_N=220/63.6/55$ V,$I_N=0.4/1.38/1.6$ A,Y/△/Y接法。实验时只用高、低压

两组线圈,低压线圈接电源,高压线圈开路。将三相交流电源调到输出电压为零的位置,开启控制屏上电源总开关,按下"开"按钮,电源接通后,调节外施电压 $U = 0.5U_N = 27.5$ V,测取高、低压线圈的线电压 U_{AB}、U_{BC}、U_{CA}、U_{ab}、U_{bc}、U_{ca} 并记录于表 3.9 中。

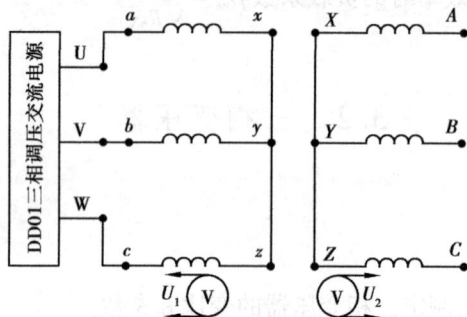

图 3.4 三相变压器变比实验接线图

表 3.9

高压绕组线电压/V		低压绕组线电压/V		变比 k	
U_{AB}		U_{ab}		k_{AB}	
U_{BC}		U_{bc}		k_{BC}	
U_{CA}		u_{ca}		k_{CA}	

计算变比:

$$k_{AB} = \frac{U_{AB}}{U_{ab}} \quad k_{BC} = \frac{U_{BC}}{U_{bc}} \quad k_{CA} = \frac{U_{CA}}{U_{ca}}$$

计算平均变比:

$$k_{平均} = \frac{1}{3}(k_{AB} + k_{BC} + k_{CA})$$

(2)空载实验

①将控制屏左侧三相交流电源的调压旋钮调到输出电压为零的位置,按下"关"按钮,在断电的条件下按图 3.5 接线。变压器低压线圈接电源,高压线圈开路。

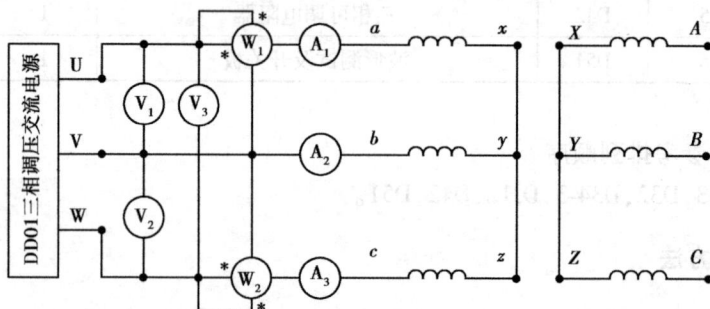

图 3.5 三相变压器空载实验接线图

②按下"开"按钮接通三相交流电源,调节电压,使变压器的空载电压 $U_{0L} = 1.2U_N$。

③逐次降低电源电压,在 $(1.2 \sim 0.2)U_N$ 范围内测取变压器三相线电压、线电流和功率。

④测取数据时, $U_0 = U_N$ 的点必测,且应在其附近多测几组。共取 8 ~ 10 组数据记录于表3.10 中。

表3.10

序号	实验数据								计算数据			
	U_{0L}/V			I_{0L}/A			p_0/W		U_{0L}/V	I_{0L}/A	p_0/W	$\cos \varphi_0$
	U_{ab}	U_{bc}	U_{ca}	I_{a0}	I_{b0}	I_{c0}	p_{01}	p_{02}				

(3)短路实验

①将三相交流电源的输出电压调至零值,按下"关"按钮,在断电的条件下按图3.6接线。变压器高压线圈接电源,低压线圈直接短路。

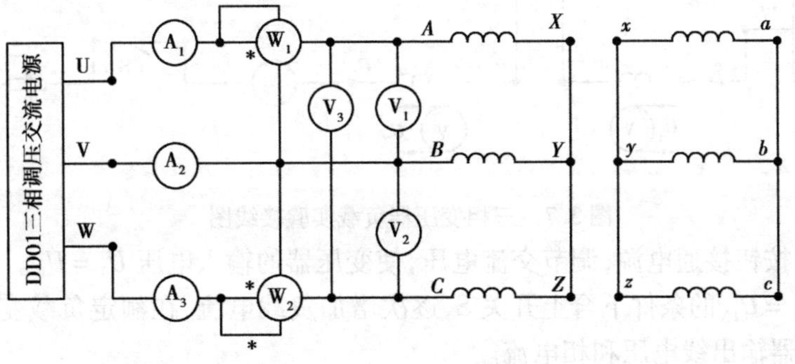

图3.6 三相变压器短路实验接线图

②按下"开"按钮,接通三相交流电源,缓慢增大电源电压,使变压器的短路电流 $I_{kL} = 1.1I_N$。

51

③逐次降低电源电压,在$(1.1 \sim 0.2)I_N$的范围内测取变压器的三相输入电压、电流及功率。

④测取数据时,$I_{kL} = I_N$点必测,共测取$5 \sim 7$组数据记录于表3.11中。实验时应记下周围环境温度作为线圈的实际温度。

表3.11

室温_____℃

序号	实验数据								计算数据			
	U_{kL}/V			I_{kL}/A			P_k/W		U_{kL}/V	I_{kL}/A	p_k/W	$\cos \varphi_k$
	U_{AB}	U_{BC}	U_{CA}	I_{Ak}	I_{Bk}	I_{Ck}	P_{kI}	P_{kII}				

(4)纯电阻负载实验

①将电源电压调至零值,按下"关"按钮,按图3.7接线。变压器低压线圈接电源,高压线圈经开关S接负载电阻R_L。R_L选用D42的1 800 Ω变阻器共三只,开关S选用D51挂件,将负载电阻R_L阻值调至最大,打开开关S。

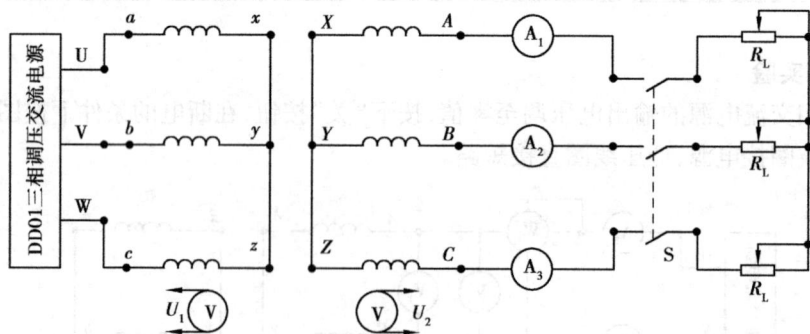

图3.7 三相变压器负载实验接线图

②按下"开"按钮接通电源,调节交流电压,使变压器的输入电压$U_1 = U_N$。

③在保持$U_1 = U_{1N}$的条件下合上开关S,逐次增加负载电流,在额定负载变化到空载范围内测取三相变压器输出线电压和相电流。

④测取数据时,$I_2 = 0$和$I_2 = I_N$两点必测,共测取$7 \sim 9$组数据记录于表3.12中。

表 3.12

$$U_1 = U_{1N} = \underline{\quad} \text{ V}; \underline{\quad} \cos \varphi_2 = 1$$

序号	U_2/V				I_2/A			
	U_{AB}	U_{BC}	U_{CA}	U_2	I_A	I_B	I_C	I_2

3.2.5　思考题

①如何用两瓦特表法测三相功率？空载和短路实验应如何合理布置仪表？

②三相芯式变压器的三相空载电流是否对称？为什么？

③如何测定三相变压器的铁耗和铜耗？

④变压器空载和短路实验时应注意哪些问题？一般电源应加在哪一方比较合适？

⑤短路实验操作为什么要快？

3.2.6　实验报告

(1)计算变压器的变比

根据实验数据计算各线电压之比，然后取其平均值作为变压器的变比。

$$k_{AB} = \frac{U_{AB}}{U_{ab}}, k_{BC} = \frac{U_{BC}}{U_{bc}}, k_{CA} = \frac{U_{CA}}{U_{ca}}$$

(2)根据空载实验数据作空载特性曲线并计算激磁参数

①绘出空载特性曲线 $U_{0L} = f(I_{0L})$，$p_0 = f(U_{0L})$，$\cos \varphi_0 = f(U_{0L})$。表 3.10 中

$$U_{0L} = \frac{U_{ab} + U_{bc} + U_{ca}}{3}$$

$$I_{0L} = \frac{I_a + I_b + I_c}{3}$$

$$p_0 = p_{01} + p_{02}$$

$$\cos \varphi_0 = \frac{p_0}{\sqrt{3} U_{0L} I_{0L}}$$

②计算激磁参数。从空载特性曲线查出对应于 $U_{0L} = U_N$ 时的 I_{0L} 和 p_0 值，并由下式求取激

磁参数。

$$r_m = \frac{p_0}{3I_{0\varphi}^2}$$

$$Z_m = \frac{U_{0\varphi}}{I_{0\varphi}} = \frac{U_{0L}}{\sqrt{3}I_{0L}}$$

$$X_m = \sqrt{Z_m^2 - r_m^2}$$

式中，变压器空载相电压 $U_{0\varphi} = \dfrac{U_{0L}}{\sqrt{3}}$，相电流 $I_{0\varphi} = I_{0L}$，p_0 为三相空载功率（注：Y 接法，以后计算变压器和电机参数时都要换算成相电压、相电流）。

（3）绘出短路特性曲线和计算短路参数

①绘出短路特性曲线 $U_{kL} = f(I_{kL})$，$p_k = f(I_{kL})$，$\cos \varphi_k = f(I_{kL})$。

$$U_{kL} = \frac{U_{AB} + U_{BC} + U_{CA}}{3}$$

$$I_{kL} = \frac{I_{Ak} + I_{Bk} + I_{Ck}}{3}$$

$$p_k = p_{k1} + p_{k2}$$

$$\cos \varphi_k = \frac{p_k}{\sqrt{3}U_{kL}I_{kL}}$$

②计算短路参数。从短路特性曲线查出对应于 $I_{kL} = I_N$ 时的 U_{kL} 和 p_k 值，并由下式算出实验环境温度 θ ℃时的短路参数。

$$r_k' = \frac{p_k}{3I_{k\varphi}^2}$$

$$Z_k' = \frac{U_{k\varphi}}{I_{k\varphi}} = \frac{U_{kL}}{\sqrt{3}I_{kL}}$$

$$X_k' = \sqrt{Z_k'^2 - r_k'^2}$$

式中，短路时的相电压 $U_{k\varphi} = \dfrac{U_{kL}}{\sqrt{3}}$，相电流 $I_{k\varphi} = I_{kL} = I_N$，$p_k$ 为三相短路功率。

折算到低压方

$$Z_k = \frac{Z_k'}{k^2}$$

$$r_k = \frac{r_k'}{k^2}$$

$$X_k = \frac{X_k'}{k^2}$$

再换算到基准工作温度下的短路参数 $r_{k75\,℃}$ 和 $Z_{k75\,℃}$（换算方法见 3.1 内容），计算短路电压百分数

$$u_k = \frac{I_{N\varphi}Z_{k75\,℃}}{U_{N\varphi}} \times 100\%$$

$$u_{kr} = \frac{I_N r_{k75\,℃}}{U_{N\varphi}} \times 100\%$$

$$u_{kX} = \frac{I_N X_k}{U_{N\varphi}} \times 100\%$$

$I_k = I_N$ 时的短路损耗

$$p_{kN} = 3I_{N\varphi}^2 r_{k75\,℃}$$

（4）**根据空载和短路实验测定的参数画出被试变压器的"T"型等效电路**

（5）**变压器的电压变化率**

①根据实验数据绘出 $\cos \varphi_2 = 1$ 时的特性曲线 $U_2 = f(I_2)$，由特性曲线计算出 $I_2 = I_{2N}$ 时的电压变化率。

$$\Delta u = \frac{U_{20} - U_2}{U_{20}} \times 100\%$$

②根据实验求出的参数 $\Delta u = \beta(u_{kr}\cos \varphi_2 + u_{kX}\sin \varphi_2)$ 算出 $I_2 = I_N$，$\cos \varphi_2 = 1$ 时的电压变化率。

（6）**绘出被试变压器的效率特性曲线**

①用间接法算出在 $\cos \varphi_2 = 0.8$ 条件下，不同负载电流时变压器效率，记录于表 3.13 中。

表 3.13

		$\cos \varphi_2 = 0.8$ $\quad p_0 = $____ W $\quad p_{kN} = $____ W
I_2^*	P_2/W	η
0.2		
0.4		
0.6		
0.8		
1.0		
1.2		

$$\eta = \left(1 - \frac{p_0 + I_2^{*2} p_{kN}}{I_2^* P_N \cos \varphi_2 + p_0 + I_2^{*2} p_{kN}}\right) \times 100\%$$

式中　$I_2^* P_N \cos \varphi_2 = p_2$；

　　　p_N——变压器的额定容量；

　　　p_{kN}——变压器 $I_{kL} = I_N$ 时的短路损耗；

　　　p_0——变压器的 $U_{0L} = U_N$ 时的空载损耗。

②计算被试变压器 $\eta = \eta_{max}$ 时的负载系数 β_m。

$$\beta_m = \sqrt{\frac{p_0}{p_{kN}}}$$

3.3　单相变压器的并联进行

3.3.1　实验目的

掌握单相变压器投入并联运行的方法,研究并联运行时负载分配的情况。

3.3.2　实验内容

①将两台单相变压器投入并联运行。
②短路阻抗相等的两台单相变压器并联运行,研究其负载分配情况。
③短路阻抗不等的两台单相变压器并联运行,研究其负载分配情况。

3.3.3　实验设备及挂件参考顺序

(1)实验设备
实验设备见表3.14。

表 3.14

序　号	型　号	名　称	数量/件
1	D33	交流电压表	1
2	D32	交流电流表	1
3	DJ11	三相组式变压器	1
4	D41	三相可调电阻器	1
5	D51	波形测试及开关板	1

(2)屏上排列顺序
其顺序是:D33,D32,DJ11,D41,D51。

3.3.4　实验方法

实验线路如图3.8所示。图中单相变压器1、2选用三相组式变压器DJ11中任意两台,变压器的高压绕组并联接电源,低压绕组经开关 S_1 并联后,再由开关 S_3 接负载电阻 R_L。由于负载电流较大,R_L 可采用并串联接法(选用 D41 的 90 Ω 与 90 Ω 并联再与 180 Ω 串联,共 225 Ω 阻值)的变阻器。为了人为地改变变压器 2 的阻抗电压,在其副边串入电阻 R(选用 D41 的 90 Ω 与 90 Ω 并联的变阻器)。

(1)两台单相变压器空载投入并联运行步骤
1)检查变压器的变比和极性
①将开关 S_1,S_3 打开,合上开关 S_2。
②接通电源,调节变压器输入电压至额定值,测出两台变压器副边电压 U_{1a1x} 和 U_{2a2x}。若 $U_{1a1x} = U_{2a2x}$,则两台变压器的变比相等,即 $k_1 = k_2$。

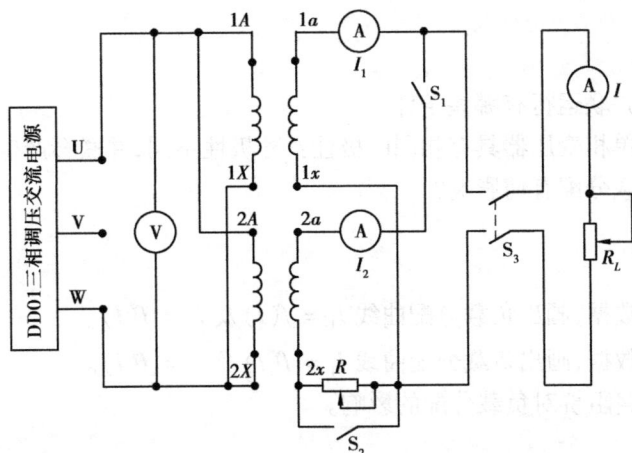

图 3.8　单相变压器并联运行接线图

③测出两台变压器副边的 1a 与 2a 端点之间的电压 U_{1a2a}。若 $U_{1a2a} = U_{1a1x} - U_{2a2x}$，则首端 1a 与 2a 为同极性端,反之为异极性端。

2)投入并联

检查两台变压器的变比相等和极性相同后,合上开关 S_1,即投入并联。若 k_1 与 k_2 不是严格相等,将会产生环流。

(2)短路阻抗相等的两台单相变压器并联运行

①投入并联后,合上负载开关 S_3。

②在保持原方额定电压不变的情况下逐次增加负载电流,直至其中一台变压器的输出电流达到额定电流为止。

③测取 I、I_1、I_2,共取 4~5 组数据记录于表 3.15 中。

表 3.15

I_1/A	I_2/A	I/A

(3)短路阻抗不等的两台单相变压器并联运行

打开短路开关 S_2,在变压器 2 的副边串入电阻 R,其数值可根据需要调节(一般取 5~10 Ω),重复前面实验测出 I、I_1、I_2,共取 5~6 组数据记录于表 3.16 中。

表 3.16

I_1/A	I_2/A	I/A

3.3.5 思考题

①单相变压器的并联运行有哪些条件？

②如何验证两台单相变压器具有相同的极性？若极性不同,并联会产生什么后果？

③短路阻抗对负载分配有何影响？

3.3.6 实验报告

①根据实验2的数据,画出负载分配曲线 $I_1 = f(I)$ 及 $I_2 = f(I)$。

②根据实验3的数据,画出负载分配曲线 $I_1 = f(I)$ 及 $I_2 = f(I)$。

③分析实验中短路阻抗对负载分配的影响。

3.4 三相变压器的极性与联接组

3.4.1 实验目的

①掌握三相变压器极性的测定方法。

②掌握校验变压器联接组的方法。

3.4.2 实验内容

①测定极性。

②连接并判定以下联接组。

a. $Y,y0$。

b. $Y,y6$。

c. $Y,d11$。

d. $Y,d5$。

3.4.3 实验设备及挂件参考顺序

(1)实验设备

实验设备见表3.17。

表3.17

序 号	型 号	名 称	数 量
1	DD01	控制屏	1台
2	D33	交流电压表	1件
3	D32	交流电流表	1件
4	my-65	高阻抗万用表	1台
5	DJ12	三相心式变压器	1件
6	D51	波形测试,开关板	1件

（2）**屏上挂件参考排列顺序**

其顺序是：D33，D32，DJ12，D51。

3.4.4　实验方法

（1）**测定三相变压器的极性**

首先用万用表的欧姆挡观察 18 个出线端的通断情况及电阻的大小,决定出高、中、低压绕组（放弃低压绕组,并将中压绕组视为低压绕组,使变压器成为三相双绕组变压器）。

其次是分相,即哪两个绕组是绕在同一铁芯柱上的。步骤是将 380 V 的交流电经过开关 S、三相调压器 TS、开关 S_1 输出一单相电压,给变压器 BY 任意高压绕组加约 $\frac{1}{2}U_{N\varphi}$ 的电压,用万用表的交流电压挡（注意量程）测其余高压绕组的电压。若另外两个高压绕组的电压相等,则重新将电压加于另一高压绕组,仍给高压绕组加约 $\frac{1}{2}U_{N\varphi}$ 的电压,并用万用表测量高低压绕组的电压。由于磁路的不对称性,高低压绕组的电压必有大、中、小之分。高压方最大的电压绕组对低压方最大的电压绕组属于同一相（绕于同一铁芯柱上）,高压方最小的电压绕组对低压方最小的电压绕组属于同一相,剩余的高、低压绕组属于另一相。分相完毕后,如图 3.9 那样,假定出高压方标记 A,B,C,X,Y,Z 和低压方标记 a,b,c,x,y,z。

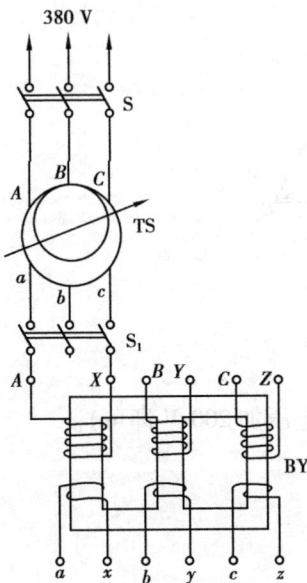

图 3.9　测极性线路图

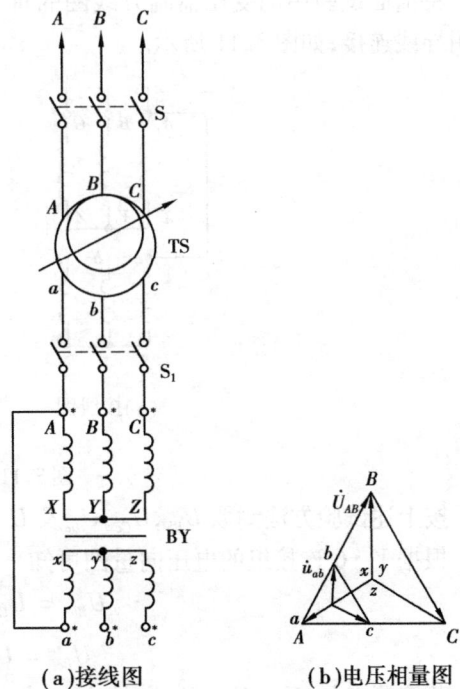

（a）接线图　　　　（b）电压相量图

图 3.10　Y,y0 联接组

然后确定极性,将图 3.9 中假定的高、低压方的 X,Y,Z,x,y,z 连为一点,给高压方的 AX 端施加约 $\frac{1}{2}U_{N\varphi}$ 的电压,再测定高、低压绕组电压。对于高压绕组,若 $U_{AB}=U_{Ax}+U_{BY}$,$U_{AC}=$

$U_{AX} + U_{CZ}$,则高压方假定正确;若 $U_{AB} = U_{AX} - U_{BY}$,则将 B,Y 改为 Y,B;若 $U_{AC} = U_{AX} - U_{CZ}$,则将 C,Z 改为 Z,C。对于低压绕组,若 $U_{Aa} = U_{AX} - U_{aX}$,$U_{Bb} = U_{BY} - U_{by}$,$U_{Cc} = U_{Cz} - U_{cZ}$,则低压端假设正确;若 $U_{Aa} = U_{AX} + U_{aX}$,则将 a,x 改为 x,a,同样可将 b,y 改为 y,b,将 c,z 改为 z,c。极性测定后,将高、低压绕组作正式标记。

(2)校验联接组

为了避免错误,可在原边接入一电流表,在调压器升压过程中观察电流表读数。正确接法时,电流的数值应很小。

1)$Y,y0$

按图 3.10 接线,将变压器接成 $Y,y0$ 连接组,将 A,a 两点用导线连接,然后经调压器在原方施额定电压,测量电压 U_{AB},U_{ab},U_{Bb},U_{Cc} 及 U_{Bc}。

根据 $Y,y0$ 连接组的电压相量图可知

$$U_{Bb} = U_{Cc} = (k-1)U_{ab}$$

$$U_{Bc} = U_{ab}\sqrt{k^2 - k + 1}$$

式中,线电压比 $k = U_{AB}/U_{ab}$。

若实测电压 U_{Bb},U_{Cc} 与 U_{Bc} 和用上二式计算所得数值相同,则表示线圈连接正确,属于 $Y,y0$ 连接组。

2)$Y,y6$

将前面试验中的变压器副方线圈的首末端标记对换,然后将 A 点与副方标记调换后的 a 点用导线连接,如图 3.11 所示。

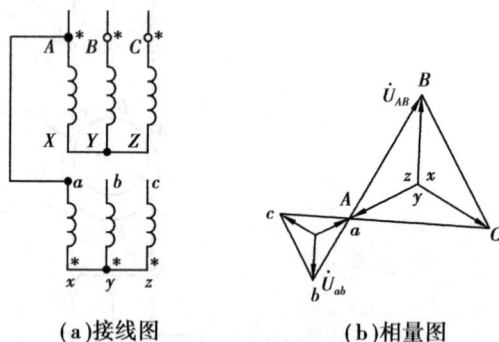

(a)接线图　　　　　(b)相量图

图 3.11　$Y,y6$ 连接组

按上述试验方法测取 U_{Bb},U_{Cc},U_{Bc} 及 U_{ab}。(注意:高压方线电压加 200 V 即可)。

根据 $Y,y6$ 连接组的电压向量图可知

$$U_{Bb} = U_{Cc} = (k+1)U_{ab}$$

$$U_{Bc} = U_{ab}\sqrt{k^2 + k + 1}$$

若实测电压 U_{Bb},U_{Cc},U_{Bc} 和按上二式计算所得数值相同,则线圈连接正确,属 $Y,y6$ 连接组。

3)$Y,d11$

按图 3.12 接线,接为 Y,d_{11} 连接组,将 A,a 两点用导线连接。原边电压经调压器调至额定值,测 U_{Bb},U_{Cc},U_{AB} 及 U_{ab}。

根据 $Y, d11$ 连接组的电压相量图可知

$$U_{Bc} = U_{Bb} = U_{Cc} = U_{ab}\sqrt{k^2 - \sqrt{3}k + 1}$$

式中,k 为线电压比,$k = \dfrac{U_{AB}}{U_{ab}} = 3$。

若实测电压 U_{Bb}, U_{Cc}, U_{Bc} 和按上式计算所得数值相同,则线圈连接正确,属 $Y, d11$ 连接组。

4) $Y, d5$

将上面试验线路中的变压器副方线圈首末端标记对调后,按图 3.13 接线。试验方法同前,测取 U_{Bb}, U_{Cc}, U_{Bc} 和 U_{ab}。根据 $Y, d5$ 连接组电压相量图可知

$$U_{Bc} = U_{Bb} = U_{Cc} = U_{ab}\sqrt{k^2 + \sqrt{3}k + 1}$$

若实测电压 U_{Bb}, U_{Cc}, U_{Bc} 与上式计算数值相同,则线圈连接正确,属于 $Y, d5$ 连接组。

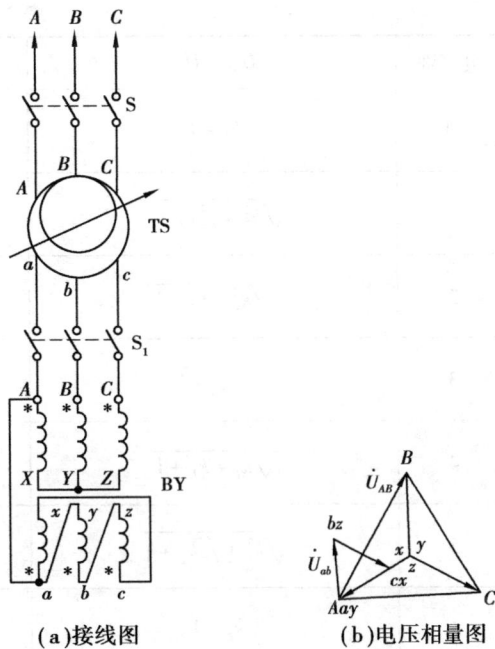

图 3.12　$Y, d11$ 连接组

3.4.5　思考题

①如何确定三相变压器的极性?

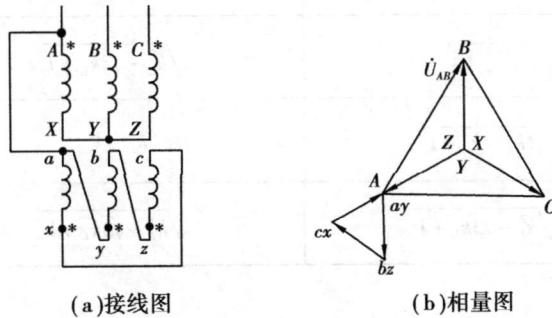

图 3.13　$Y, d5$ 连接组

②国产电力变压器有哪几种标准联接组?

3.4.6　实验报告

①总结测定三相芯式变压器极性的方法。
②将不同连接组时实测的电压 U_{Bb}, U_{Ca}, U_{Ba} 值与计算值列表进行比较。
③总结用实验测定变压器连接组别的方法。

3.4.7　附录

变压器连接组校核公式如表 3.18 所示(设 $U_{ab} = 1, U_{AB} = k_L \times U_{ab} = k_L$)。

表 3.18

组 别	$U_{Bb}=U_{Cc}$	U_{Bc}	U_{Bc}/U_{Bb}
0	k_L-1	$\sqrt{k_L^2-k_L+1}$	>1
1	$\sqrt{k_L^2-\sqrt{3}k_L+1}$	$\sqrt{k_L^2+1}$	>1
2	$\sqrt{k_L^2-k_L+1}$	$\sqrt{k_L^2+k_L+1}$	>1
3	$\sqrt{k_L^2+1}$	$\sqrt{k_L^2+\sqrt{3}k_L+1}$	>1
4	$\sqrt{k_L^2+k_L+1}$	k_L+1	>1
5	$\sqrt{k_L^2+\sqrt{3}k_L+1}$	$\sqrt{k_L^2+\sqrt{3}k_L+1}$	=1
6	k_L+1	$\sqrt{k_L^2+k_L+1}$	<1
7	$\sqrt{k_L^2+\sqrt{3}k_L+1}$	$\sqrt{k_L^2+1}$	<1
8	$\sqrt{k_L^2+k_L+1}$	$\sqrt{k_L^2-k_L+1}$	<1
9	$\sqrt{k_L^2+1}$	$\sqrt{k_L^2-\sqrt{3}k_L+1}$	<1
10	$\sqrt{k_L^2-k_L+1}$	k_L-1	<1
11	$\sqrt{k_L^2-\sqrt{3}k_L+1}$	$\sqrt{k_L^2-\sqrt{3}k_L+1}$	=1

3.5　三相变压器的并联运行

3.5.1　实验目的

掌握三相变压器投入并联运行的方法,研究并联运行时的负载分配情况。

3.5.2　实验内容

①将两台单相变压器空载投入并联运行。
②短路阻抗相等的两台三相变压器并联运行,研究其负载分配情况。
③短路阻抗不等的两台三相变压器并联运行,研究其负载分配情况。

3.5.3　实验方法

接线如图 3.14 所示。图中 I 与 II 是两台同型号、同容量的三相变压器,它们的原方并联后经调压器 TS 接电源,副边经开关 S_1 并联后接负载电阻 R_{L1} 和 R_{L2}。当 S_3 合上时,R_{L1} 和 R_{L2} 并联,总额定电流为 9 A,总电阻每相为 35 Ω,可以使两变压器都工作于额定运行状态。当 S_3 断开时,负载 R_{L2} 允许通过额定电流 4.5 A,每相电阻为 70 Ω。

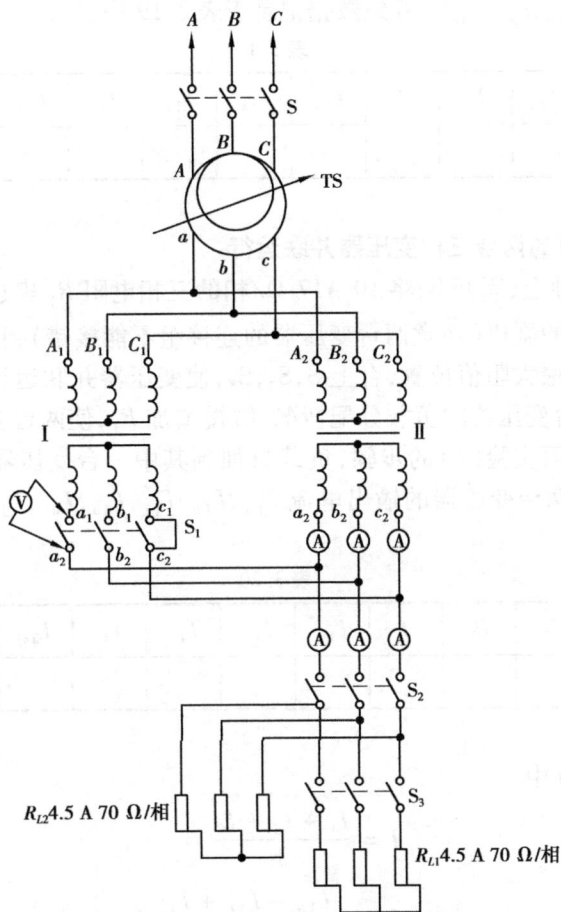

图 3.14　三相变压器并联运行接线图

(1)将两台变压器空载投入并联运行

①检查变比。试验前,开关 S_1 应断开,闭合 S 接通电源,调节三相调压器 TS 使变压器副边电压至 $0.5U_N$,测量两台变压器副边三相电压。若副边三相电压相等,则说明两台变压器变比相等。

②检查连接组。如图 3.14 所示,用导线将 C_1、C_2 两点连接,用电压表测量并联刀闸 S_1 其余两对触点间(如图中的 a_1a_2 与 b_1b_2 间)电压。若均为零,则两台变压器连接组相同,否则,必须调整其中一台变压器原方或副边的连接,使两对应端点的电压为零。

③投入并联。满足并联条件之后,合上并联刀闸 S_1,两台变压器投入并联运行。增加三相调压器输出,使变压器原方电压达额定值,观察有无环流。

(2)短路阻抗相等的两台三相变压器并联运行

两台变压器投入并联后,保持原方电压为额定值,R_{L1} 与 R_{L2} 置最大位置,合上开关 S_2 与 S_3,减小 R_{L1} 和 R_{L2}(两负载电阻必须平行调节,使分得的电流基本相等,否则要烧毁负载),增加负载电流,直至其中一台变压器输出电流达额定值,测取负载总电流 I_A,I_B,I_C 及两台变压器的三相输出电流 I_{Ia},I_{Ib},I_{Ic},I_{IIa},I_{IIb},I_{IIc}。以后逐次增加 R_{L1} 和 R_{L2}(当 R_{L1} 和 R_{L2} 平行调到最大时,断开 S_3,使 R_{L2} 单独作负载),使负载电流降低,直至断开 S_2 为止。在此过程中,测取 I_A,I_B,I_C 以及 I_{Ia},I_{Ib},I_{Ic},I_{IIa},I_{IIb},I_{IIc} 5~6 组数据记录于表 3.19 中。

表 3.19

序 号	I_A	I_B	I_C	I	I_{Ia}	I_{Ib}	I_{Ic}	I_I	I_{IIa}	I_{IIb}	I_{IIc}	I_{II}

(3)短路阻抗不等的两台三相变压器并联运行

在实验(2)的基础上,断开 S,将 10 A17 Ω/相的三相电阻 R_1 串连接于上面实验中电流较大的那一台变压器的副边(注意两台变压器的连接组不能接错),且置于最小位置。将负载电阻 R_{L1} 和 R_{L2} 置于最大阻值位置,合上 S,S_2,S_3,使变压器并联运行且带上负载。平行减小 R_{L1} 和 R_{L2},观察两台变压器的负载分配情况,缓慢增加 R_1,使两台变压器负载电流之差约为 2 A 为止。再按上面实验(2)的步骤,负载只加到其中一台变压器达额定电流为止。记录总电流 I_A,I_B,I_C 及两台变压器的输出电流 I_{Ia},I_{Ib},I_{Ic},I_{IIa},I_{IIb},I_{IIc},共测 5~6 组数据记录于表 3.20 中。

表 3.20

序 号	I_A	I_B	I_C	I	I_{Ia}	I_{Ib}	I_{Ic}	I_I	I_{IIa}	I_{IIb}	I_{IIc}	I_{II}

表 3.19 和表 3.20 中

$$I = \frac{I_A + I_B + I_C}{3}$$

$$I_I = \frac{I_{Ia} + I_{Ib} + I_{Ic}}{3}$$

$$I_{II} = \frac{I_{IIa} + I_{IIb} + I_{IIc}}{3}$$

3.5.4 思考题

①三相变压器并联运行有哪些条件?

②如何验证两台三相变压器有相同的连接组?若连接组不同,并联后将会产生什么后果?

③短路电压对负载分配的影响。

3.5.5 实验报告

①根据实验(2),作负载分配曲线 $I_I = f(I)$ 及 $I_{II} = f(I)$。

②根据实验(3),作负载分配曲线 $I_Ⅰ = f(I)$ 及 $I_Ⅱ = f(I)$ 。

③分析本实验中短路阻抗对负载分配的影响。

3.6　三相变压器的不对称短路与波形测试

3.6.1　实验目的

①研究三相变压器的不对称短路。

②观察分析三相变压器不同铁芯结构和不同线圈连接方式时的空载电流和电势波形。

3.6.2　实验内容

①不对称短路。

a. $Y, yn0$ 单相短路。

b. Y, yn 两相短路。

②测定 Y, yn 变压器的零序阻抗。

③观察不同连接方法和不同铁芯结构时三相变压器的空载电流和电动势波形。

3.6.3　实验方法

(1)不对称短路

1) $Y, yn0$ 单相短路

被试变压器为三相芯式变压器,接线如图 3.15 所示。合 S 前,调压器 TS 输出调零,合 S, S_1 ,缓慢增加变压器外施电压至短路电流 I_k 接近额定电流为止。测取此时副边电流 I_k 和原方各相电流 I_A, I_B, I_C (测原方电流用电流表接电流插头测取),断 S_1 ,S,TS 输出置零。

2) Y, yn 连接两相短路

接线如图 3.16 所示,被试变压器为三相芯式变压器。合 S 前,三相调压器 TS 输出调零,合 S, S_1 ,逐渐增加变压器外施电压,直至变压器副边电流接近额定电流为止。测量此时副边电流 I_k 和原方三相电流 I_A, I_B, I_C 。

(2)测定 Y, yn 连接变压器的零序阻抗

被试变压器 BY 为三相芯式变压器,三相零序电流大小相等,方向相同。接线按图 3.17 接线,副边 ax, by, cz 三相接为串联,施加单相电压,原边开路,功率表按图 1.16(b)接线。由于零序电压很低,故仪表接线应按低压大电流的方式接线。调压器输出调零,合 S, S_1 ,缓慢增加调压器输出电压,使通入三相线圈的电流 I_0 逐渐增加至 $0.2I_N$ 和 $0.5I_N$,记录对应的外施电压 U_0 、输入电流 I_0 和输入功率 p_0 。

(3)分别观察三相芯式和组式变压器几种连接方法时的空载电流和电势波形

1) Y, y 连接

试验接线如图 3.18 所示,三相变压器 Y, y 连接,不带中线(开关 S_1 断开), S_3 倒向芯式方,电源经调压器 TS 加于高压绕组。在外施电压 $0.5U_N$ 与 U_N 两种情况下,用示波器观察空载电流 i_0 、副边相电势 $e_φ$ 和线电势 e_l 的波形。空载电流信号从串联电阻 R 上引出,相电势信

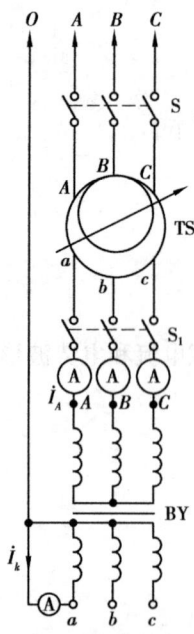

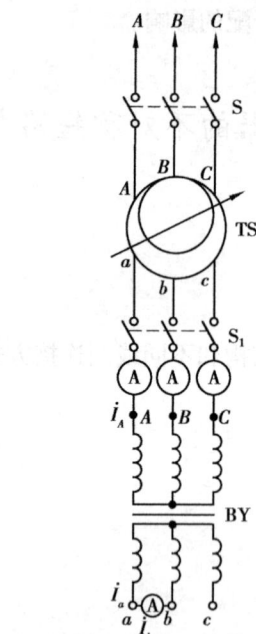

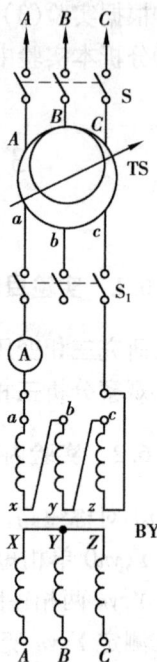

图 3.15　Y,yn 单相短路接线图　　　图 3.16　Y,yn 两相短路接线图　　　图 3.17　Y,yn 测零序阻抗接线图

号可以从副边任一相引出,线电势信号可以从副边任两相间引出。

同时,测量副边相电压和线电压,计算二者之比。

2)YN,y 连接

将图 3.18 中的 S_1 闭合,以接通中线,重复前面步骤,观察空载电流 i_0、相电势 e_φ 及线电势 e_l 的波形。

将 S_3 倒向组式变压器方,重复上述 1)和 2)试验。

3)Y,d 连接

试验接线如图 3.19 所示,S_3 倒向芯式变压器方,S_2 断开,副边绕组开路,调节原方电压至额定值,用示波器观察原方相电势波形,测量和观察开关 S_2 两端谐波电压。

开关 S_2 闭合,副边绕组构成封闭三角形,原边外施额定电压,观察原边相电势波形,测量原边三角形内部谐波电流 i_3。

将 S_2 倒向组式变压器方,重复上面试验。

将所测得的芯式和组式变压器的数据进行分析。

3.6.4　思考题

①哪种连接的三相变压器在不对称短路情况下其电压中点位移较大? 为什么?

②三相变压器线圈的连接方法与铁芯结构对空载电流和电势波形的影响。

3.6.5　实验报告

(1)零序阻抗计算

Y,yn 三相芯式变压器的零序参数

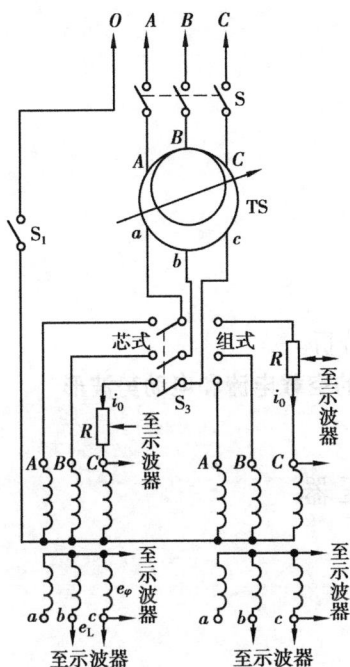

图 3.18　观察 Y_N, y 连接三相变压器
空载电流和电势波形

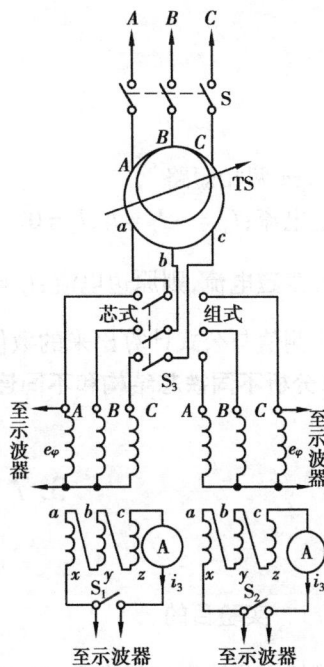

图 3.19　观察 Y, d 连接三相变压器
空载电流和电势波形

$$Z_0 = \frac{U_0}{3I_0}$$

$$r_0 = \frac{p_0}{3I_0^2}$$

$$X_0 = \sqrt{Z_0^2 - r_0^2}$$

分别计算 $I_0 = 0.25I_N$ 和 $I_0 = 0.5I_N$ 两种情况下的零序阻抗、电阻和电抗,取它们的平均值作为变压器的零序阻抗、电阻、电抗,并按下式计算标么值。

$$Z_0^* = \frac{I_{N\varphi}}{U_{N\varphi}}Z_0$$

$$r_0^* = \frac{I_{N\varphi}}{U_{N\varphi}}r_0$$

$$X_0^* = \frac{I_{N\varphi}}{U_{N\varphi}}X_0$$

式中,$I_{N\varphi}$ 与 $U_{N\varphi}$ 分别为变压器的额定相电流与相电压。

(2)计算短路情况下的原方电流

1)Y, yn 单相短路

副边电流 $I_a = I_k, I_b = 0, I_c = 0$。

原边电流若不计激磁电流,以 k 代表相电压比,则

$$I_A = \left(-\frac{2}{3}\right)\frac{I_k}{k}$$

67

$$I_B = \left(\frac{1}{3}\right)\frac{I_k}{k}$$

$$I_C = \left(\frac{1}{3}\right)\frac{I_k}{k}$$

2)Y,yn 两相短路

副边电流:$I_a = -I_b = I_k, I_c = 0$。

不计激磁电流,则原边电流:$I_A = -I_B = -\dfrac{I_k}{k}, I_c = 0$。

把实测值与公式计算出来的数值进行比较,并做简要分析。

(3)分析不同铁芯结构和不同连接方法时三相变压器的空载电流和电动势波形

3.7 三相三线圈变压器

3.7.1 实验目的

①掌握三线圈变压器参数的试验测定方法。

②了解三线圈变压器负载后输出电压的变化情况。

3.7.2 实验内容

①空载试验与测变比。

②短路试验。

③负载试验。

3.7.3 实验说明

(1)实验线路

可任选一个线圈作为原线圈加电源,其他两个线圈开路。试验方法与两线圈变压器相同,通过空载试验测定三线圈变压器的空载特性和空载损耗。在空载试验过程中,当空载电压调至接近额定值时,须测量高压、中压、低压线圈的空载电压,用以计算变比,注意记下三线圈的连接法。

(2)短路试验

短路试验应分别进行三次,即相应于不同的线圈配合各进行一次。

①电源施加于高压线圈,中压线圈短路,低压线圈开路。

②电源施加于高压线圈,低压线圈短路,中压线圈开路。

③电源施加于中压线圈,低压线圈短路,高压线圈开路。

测量并记录每次短路电流为额定值时的损耗、电压和电流,测量记录线圈周围的环境温度。

(3)负载试验

电源施加于高压线圈,中压线圈接感性负载($\cos\varphi_2 = 0.8$),低压线圈接纯电阻负载

$(\cos \varphi_3 = 1)$。

维持高压线圈为额定值,逐渐增加中压及低压线圈负载,直至中压和低压线圈均达50%额定负载为止,测量并记录此时中压线圈和低压线圈的输出电流、端电压和功率因数(或功率)。

3.7.4　思考题

①三线圈变压器的等值电路,等值电路中各参数的试验测定方法。

②三线圈在变压器电压变化率的计算方法,影响输出电压变化的因素。

③根据被试变压器的铭牌数据自行设计各个试验的线路图和记录表格,并选择仪表。

3.7.5　实验报告

(1)根据空载试验数据作空载特性和计算变比

$$k_{12} = U_1/U_{20}$$

$$k_{13} = U_1/U_{30}$$

$$k_{23} = U_{20}/U_{30}$$

式中,U_1、U_{20} 和 U_{30} 分别代表高压、中压和低压线圈的三相平均相电压。

(2)根据短路试验数据计算短路参数并画出等效电路图

根据短路试验 1 计算 Z_{k12},r_{12} 及 X_{k12}。

根据短路试验 2 计算 Z_{k13},r_{13} 及 X_{k13}。

根据短路试验 3 计算 Z_{k23},r_{23} 及 X_{k23}。

将 Z_{k23} 折算到高压线圈

$$Z'_{23} = k_{12}^2 Z_{k23} = r'_{k23} + jX'_{k23}$$

高压线圈参数

$$Z_1 = \frac{1}{2}(Z_{k12} + Z_{k13} - Z'_{k23})$$

$$r_1 = \frac{1}{2}(r_{k12} + r_{k13} - r'_{k23})$$

$$X_1 = \frac{1}{2}(r_{k12} + r_{k13} - 'r_{k23})$$

中压线圈参数

$$Z'_2 = \frac{1}{2}(Z_{k12} + Z'_{k13} - Z_{k23})$$

$$r'_2 = \frac{1}{2}(r_{k12} + r'_{k13} - r_{k23})$$

$$X'_2 = \frac{1}{2}(r_{k12} + r'_{k13} - r_{k23})$$

低压线圈参数

$$Z'_3 = \frac{1}{2}(Z_{k12} + Z'_{k13} - Z_{k13})$$

$$r'_3 = \frac{1}{2}(r_{k12} + r'_{k13} - r_{k13})$$

$$X'_3 = \frac{1}{2}(r_{k12} + r'_{k13} - r_{k13})$$

等值漏抗 X_1, X'_2, X'_3 的大小与变压器三个线圈的互相排列位置有关,有可能某个线圈的等值漏抗是负值。最后,将所算得的阻抗和电阻换算至基准工作温度。

(3)计算三线圈变压器的电压变化率

中压线圈 $\Delta_{u12} = u_{kr12}\cos\varphi_2 + u_{kx12}\sin\varphi_2 + u_{r3}\cos\varphi_3 + u_{x3}\sin\varphi_3$

低压线圈 $\Delta_{u13} = u_{kr13}\cos\varphi_3 + u_{kx13}\sin\varphi_3 + u_{r2}\cos\varphi_2 + u_{x2}\sin\varphi_2$

式中

$$u_{kr12} = \frac{I'_2 r_{k12}}{U_{N\varphi}}100\%$$

$$u_{kX12} = \frac{I'_2 X_{k12}}{U_{N\varphi}}100\%$$

$$u_{r3} = \frac{I'_2 r_1}{U_{N\varphi}}100\%$$

$$u_{kr13} = \frac{I'_3 r_{k13}}{U_{N\varphi}}100\%$$

$$u_{kx13} = \frac{I'_3 X_{k13}}{U_{N\varphi}}100\%$$

$$u_{r2} = \frac{I'_2 r_1}{U_{N\varphi}}100\%$$

$$u_{x2} = \frac{I'_2 X_1}{U_{N\varphi}}100\%$$

以上各式中所有电阻均是基准工作温度下数值,$U_{N\varphi}$ 是额定相电压,I'_2 与 I'_3 是折合到高压方的中压和低压方的相电流。

将算得电压变化率与负载试验实测值进行比较,并作简要分析。

第**4**章

异步电机实验

4.1 三相鼠笼式异步电动机的工作特性

4.1.1 实验目的

①掌握三相异步电动机的空载、堵转和负载试验的方法。
②通过该试验,掌握三相鼠笼式异步电动机的工作特性和参数的求取方法。

4.1.2 实验内容

①测量定子绕组的冷态电阻。
②判定定子绕组的首末端。
③空载实验。
④堵转实验。
⑤负载实验。

4.1.3 实验设备及挂件参考顺序

（1）实验设备

实验设备见表4.1。

表4.1

序　号	型　号	名　称	数量/件
1	DD03	导轨、测速发电机及转速表	1
2	DJ23	校正过的直流电机	1
3	DJ16	三相鼠笼式异步电动机	1
4	D33	交流电压表	1
5	D32	交流电流表	1

续表

序　号	型　号	名　　称	数量/件
6	D34-2	单三相智能功率、功率因数表	1
7	D31	直流电压表、毫安表、安培表	1
8	D42	三相可调电阻器	1
9	D51	波形测试及开关板	1

(2)屏上挂件参考排列顺序

其排列顺序是:D33,D32,D34-3,D31,D42,D51。

三相鼠笼式异步电机的组件编号为 DJ16。

4.1.4　实验方法

(1)测量定子绕组的冷态直流电阻

将电机在室内放置一段时间,用温度计测量电机绕组端部或铁芯的温度。当所测温度与冷却介质温度之差不超过 2 K 时,即为实际冷态。记录此时的温度和测量定子绕组的直流电阻,此阻值即为冷态直流电阻。

1)伏安法

测量线路如图 4.1 所示。直流电源采用主控屏上电枢电源,先调到 50 V。开关 S_1,S_2 选用 D51 挂箱,R 采用 D42 挂箱上 1 800 Ω 可调电阻。

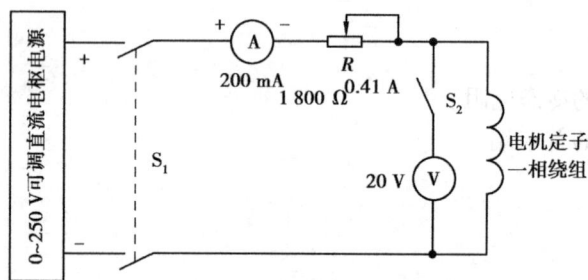

图 4.1　三相交流绕组电阻测定

量程的选择:测量时通过的测量电流应小于额定电流的 20% ,约为 50 mA,因此直流电流表的量程用 200 mA 挡。三相鼠笼式异步电动机定子一相绕组的电阻约为 50 Ω, 因此,当流过的电流为 50 mA 时二端电压约为 2.5 V,所以直流电压表量程用 20 V 挡。

按图 4.1 接线。把 R 调至最大阻值位置,合上开关 S_1,调节直流电源及 R 阻值使试验电流不超过电机额定电流的 20% ,以防因试验电流过大而引起绕组的温度上升。读取电流值,再接通开关 S_2 读取电压值。读完后,先打开开关 S_2,再打开开关 S_1。

调节 R 使 A 表分别为 50 mA、40 mA、30 mA,测取三次并取其平均值,测量定子三相绕组的电阻值及其室温,记录于表 4.2 中。

表 4.2

室温/℃

	绕组 I	绕组 II	绕组 III
I/mA			
U/V			
R/Ω			

注意事项：

①在测量时,电动机的转子须静止不动。

②测量通电时间不应超过 1 min。

2)电桥法

用单臂电桥测量电阻时,应先将刻度盘旋到电桥大致平衡的位置。然后按下电池按钮,接通电源,等电桥中的电源达到稳定后,方可按下检流计按钮接入检流计。测量完毕时,应先断开检流计,再断开电源,以免检流计受到冲击。数据记录于表4.3中。

电桥法测定绕组直流电阻准确度及灵敏度高,并有直接读数的优点。

表 4.3

	绕组 I	绕组 II	绕组 III
R/Ω			

(2)判定定子绕组的首末端

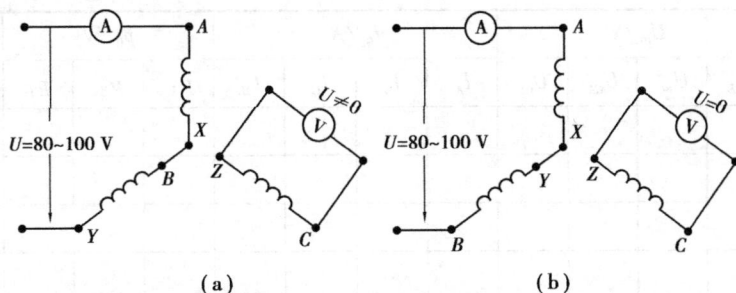

图 4.2　三相交流绕组首末端测定

先用万用表测出各相绕组的两个线端,将其中的任意两相绕组串联,如图 4.2 所示。将控制屏左侧调压器手轮调至零位,开启电源总开关,按下"开"按钮,接通交流电源。调节调压手轮并在绕组端施以单相低电压 $U = 80 \sim 100$ V(注意电流不应超过额定值),测出第三相绕组的电压。如测得的电压值有一定读数,表示两相绕组的末端与首端相连,如图 4.2(a)所示。反之,如测得电压近似为零,则两相绕组的末端与末端(或首端与首端)相连,如图 4.2(b)所示。用同样方法测出第三相绕组的首末端,最后注上标记。

（3）空载实验

①按图4.3接线。电机绕组为△接法（$U_N = 220$ V），励磁电流不加，直接与测速发电机同轴连接，负载电机 DJ23 不接。

②把交流调压器调至电压最小位置，接通电源，逐渐升高电压，使电机起动旋转，观察电机旋转方向。

③保持电动机在额定电压下空载运行数分钟，使机械损耗达到稳定后再进行试验。

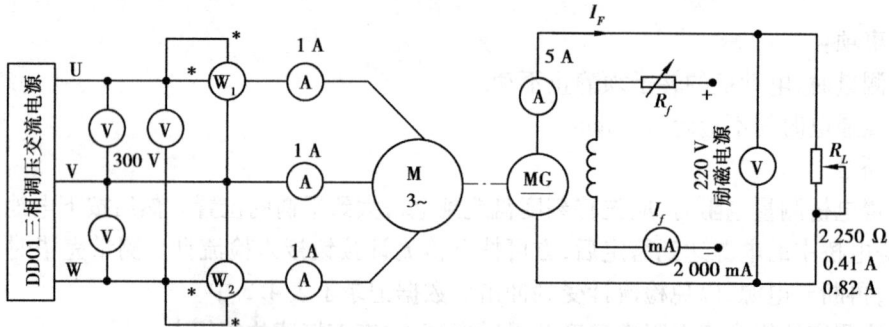

图4.3　三相鼠笼式异步电动机试验接线图

④调节电压由 1.2 倍额定电压开始逐渐降低电压，直至电流回升为止。在这范围内读取空载电压 U_0、空载电流 I_0、空载功率 p_0。

⑤在测取空载实验数据时，希望在额定电压点测取一组，且在其附近多测几组，共测取7~9组数据记录于表4.4中。

表4.4

序号	U_{0L}/V				I_{0L}/A				p_0/W			$\cos \varphi_0$
	U_{AB}	U_{BC}	U_{CA}	U_{0L}	I_A	I_B	I_C	I_{0L}	p_I	p_II	p_0	

（4）堵转实验

①测量接线如图4.3所示。用制动工具逆电机旋转方向把三相电机堵住。

②将调压器输出调至零，合上交流电源，调节调压器使之逐渐升压至定子堵转电流到 1.2 倍额定电流，再逐渐降压至 0.3 倍额定电流为止。

③在这范围内读取堵转电压 U_k、堵转电流 I_k、堵转功率 p_k，共测取 5~6 组数据记录于表4.5中，希望在额定电流点测取一组。

表 4.5

序号	U_{kL}/V				I_{kL}/A				p_k/W			$\cos \varphi_k$
	U_{AB}	U_{BC}	U_{CA}	U_{kL}	I_A	I_B	I_C	I_{kL}	p_I	p_{II}	p_k	

（5）负载实验

①测量接线如图 4.3 所示。同轴连接负载电机。图中 R_f 用 D42 上 1 800 Ω 0.41 A 电阻，R_L 用 D42 上"1 800 Ω 0.41 A"电阻加上两只"900 Ω 0.41 A"的并联，共"2 250 Ω 0.82 A"电阻。

②合上交流电源，调节调压器使之逐渐升压至额定电压并保持不变。

③合上校正过的直流电机的励磁电源，调节励磁电流至校正值（100 mA）并保持不变。

④调节负载电阻 R_L（注：先调节"1 800 Ω 0.41 A"电阻，调至零值后用导线短接，再调节"450 Ω 0.82 A"电阻），使异步电动机的定子电流逐渐上升，直至电流上升到 1.25 倍异步电机额定电流为止。

⑤从这时的负载开始逐渐减小直至空载，在这范围内读取异步电动机的定子电流 I_1、输入功率 P_1、转速 n、直流电机的负载电流 I_F，共测取 8～9 组数据记录于表 4.6 中，且希望在额定电流点测取一组。

表 4.6

$$U_{1\varphi} = U_{1N} = 220 \text{ V}(\Delta) \qquad I_f = \underline{\qquad} \text{ mA}$$

序号	I_{1L}/A				P_1/W			I_F/A	T_2 /(N·m)	n /(r·min^{-1})
	I_A	I_B	I_C	I_{1L}	p_I	p_{II}	p_1			

4.1.5 思考题

①如何用两瓦特表法测三相功率？

②异步电动机的等效电路有哪些参数？它们的物理意义是什么？如何利用空载、堵转试验求取参数？

③异步电动机的工作特性指哪些特性？如何通过实验方法来求取这些特性？

④△接法的三相异步电动机，如果在起动和运行中有一相断线，各会产生什么后果？应采取什么措施？

4.1.6 实验报告

(1)计算基准工作温度时的相电阻

由实验直接测得每相电阻值，三相取其平均值，此值为实际冷态电阻值。冷态温度为室温。按下式换算到基准工作温度时的定子绕组相电阻

$$r_{1ref} = r_{1C} \frac{235 + \theta_{ref}}{235 + \theta_C}$$

式中 r_{1ref}—— 换算到基准工作温度时定子绕组的相电阻，Ω；

r_{1C}——定子绕组的实际冷态相电阻，Ω；

θ_{ref}——基准工作温度，对于 A,E,B 级绝缘为 75 ℃；

θ_C——实际冷态时定子绕组的温度，℃；

(2)作空载特性曲线

$$I_{0L}, p_0, \cos \varphi_0 = f(U_{0L})$$

(3)作堵转特性曲线

$$I_{kL}, p_k = f(U_{kL})$$

(4)由空载、堵转实验数据求异步电机的等效电路参数

1)由堵转实验数据求堵转参数

①堵转阻抗：$Z_k = \dfrac{U_{k\varphi}}{I_{k\varphi}} = \dfrac{\sqrt{3} U_{kL}}{I_{kL}}$

②堵转电阻：$r_k = \dfrac{p_k}{3 I_{k\varphi}^2} = \dfrac{p_k}{I_{kL}^2}$

③堵转电抗：$X_k = \sqrt{Z_k^2 - r_k^2}$

式中，电动机堵转时的相电压 $U_{k\varphi} = U_{kL}$，相电流 $I_{k\varphi} = \dfrac{I_{kL}}{\sqrt{3}}$，$p_k$ 为三相堵转功率（△接法）。

④转子电阻的折合值：$r'_2 \approx r_k - r_{1C}$

式中，r_{1C}是没有折合到 75 ℃时的实际值。

⑤定、转子漏抗：$X_{1\sigma} \approx X'_{2\sigma} \approx \dfrac{X_k}{2}$

2)由空载试验数据求激磁回路参数

①空载阻抗：$Z_0 = \dfrac{U_{0\varphi}}{I_{0\varphi}} = \dfrac{\sqrt{3} U_{0L}}{I_{0L}}$

②空载电阻:$r_0 = \dfrac{p_0}{3I_{0\varphi}^2} = \dfrac{p_0}{I_{0L}^2}$

③空载电抗:$X_0 = \sqrt{Z_0^2 - r_0^2}$

式中,电动机空载时的相电压 $U_{0\varphi} = U_{0L}$,相电流 $I_{0\varphi} = \dfrac{I_{0L}}{\sqrt{3}}$,$p_0$ 为三相空载功率($\triangle$接法)。

④激磁电抗:$X_m = X_0 - X_{1\sigma}$

⑤激磁电阻:$r_m = \dfrac{p_{Fe}}{3I_{0\varphi}^2} = \dfrac{p_{Fe}}{I_{0L}^2}$

式中,p_{Fe} 为额定电压时的铁耗,由图 4.4 确定。

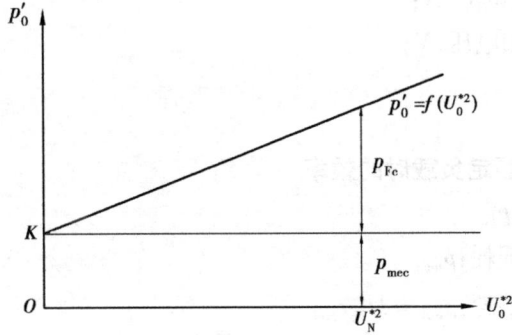

图 4.4 电机中铁耗和机械损耗

(5)作工作特性曲线 $P_1, I_1, \eta, s, \cos \varphi_1 = f(P_2)$

由负载试验数据计算工作特性,将数据填入表 4.7 中。

表 4.7

$U_1 = 220 \text{ V}(\triangle)$ $I_f = $ _____ mA

序号	电动机输入		电动机输出		计算值			
	$I_{1\varphi}/\text{A}$	P_1/W	$T_2/(\text{N} \cdot \text{m})$	$n/(\text{r} \cdot \text{min}^{-1})$	P_2/W	$s/\%$	$\eta/\%$	$\cos \varphi_1$

计算公式为:

$$I_{1\varphi} = \frac{I_{1L}}{\sqrt{3}} = \frac{I_A + I_B + I_C}{3\sqrt{3}}$$

$$s = \frac{1\ 500 - n}{1\ 500} \times 100\%$$

$$\cos \varphi_1 = \frac{P_1}{3U_{1\varphi}I_{1\varphi}}$$

$$P_2 = 0.105nT_2$$

$$\eta = \frac{P_2}{P_1} \times 100\%$$

式中　$I_{1\varphi}$——定子绕组相电流,A;

　　　$U_{1\varphi}$——定子绕组相电压,V;

　　　s——转差率;

　　　η——效率。

（6）由损耗分析法求额定负载时的效率

$$\text{电动机的损耗} \begin{cases} \text{铁耗}:p_{Fe} \\ \text{机械损耗}:p_{mec} \\ \text{定子铜耗}:p_{cu1} = 3I_{1\varphi}^2 r_{1ref} \\ \text{转子铜耗}:p_{cu2} = \dfrac{P_{em}}{100}s \\ \text{杂散损耗}:p_{ad} \end{cases}$$

杂散损耗 p_{ad} 取为额定负载时输入功率的 0.5%。

定子绕组铜耗

$$p_{cu1} = 3I^2 \varphi r_w$$

式中　I_φ——相电流;

　　　r_w——基准工作温度时定子绕组相电阻。

转子绕组铜耗

$$p_{cu2} = \frac{P_{em}}{100}S$$

式中　P_{em}——电磁功率,W,$P_{em} = P_1 - p_{cu1} - p_{Fe}$。

铁耗和机械损耗之和为

$$p'_0 = p_{Fe} + p_{mec} = p_0 - I_{0\varphi}^2 r_1$$

为了分离铁耗和机械损耗,作曲线 $p'_0 = f(U_0^{*2})$,如图 4.4 所示。

延长曲线的直线部分与纵轴相交于 K 点,K 点的纵坐标即为电动机的机械损耗 p_{mec},过 K 点作平行于横轴的直线,可得不同电压的铁耗 p_{Fe}。

电机的总损耗　　　$\sum p = p_{Fe} + p_{cu1} + p_{cu2} + p_{ad} + p_{mec}$

于是求得额定负载时的效率为

$$\eta = \frac{P_1 - \sum P}{P_1} \times 100\%$$

式中的 P_1,s,I_1 由工作特性曲线上对应于 P_2 为额定功率 P_N 时查得。

(7)分析误差

分析上述直接负载法、损耗分析法所得效率值的误差。

4.2　三相异步电动机的起动与调速

4.2.1　实验目的

通过实验掌握异步电动机的起动和调速的方法。

4.2.2　实验内容

①直接起动。

②星形—三角形(丫—△)换接起动。

③自耦变压器起动。

④线绕式异步电动机转子绕组串入可变电阻器起动。

⑤线绕式异步电动机转子绕组串入可变电阻器调速。

4.2.3　实验设备及屏上挂件参考排列顺序

(1)实验设备

实验设备见表4.8。

表4.8

序　号	型　　号	名　　　称	数量/件
1	DD03	导轨、测速发电机及转速表	1
2	DJ16	三相鼠笼式异步电动机	1
3	DJ17	三相线绕式异步电动机	1
4	DJ23	校正过的直流电机	1
5	D31	直流电压表、毫安表、安培表	1
6	D32	交流电流表	1
7	D33	交流电压表	1
8	D43-1	三相同轴联动可调电抗器	1
9	D51	波形测试及开关板	1
10	DJ17-1	起动与调速电阻箱	1

(2)屏上挂件参考排列顺序

其排列顺序是:D33,D32,D51,D31,D43-1。

4.2.4 实验方法

(1)三相鼠笼式异步电机直接起动试验

①按图4.5接线,电机绕组为△接法。

②将交流调压器输出调至零位,开启电源总开关,按下"开"按钮,接通三相交流电源。

③调节调压器,使输出电压达到电机额定电压220 V,使电机起动旋转。

④再按下"关"按钮,断开三相交流电源,待电动机停止旋转后按下"开"按钮,接通三相交流电源,使电机全压起动,读取并记录电机起动瞬间电流值(按指针式电流表偏转最大位置所对应的读数值定性读数)。

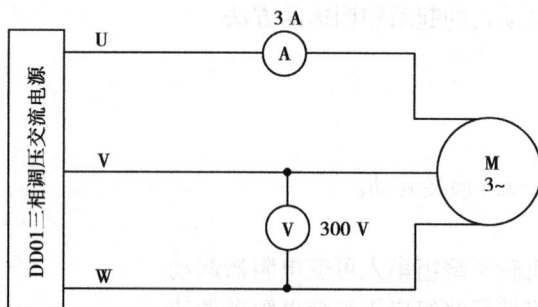

图4.5 异步电动机直接起动

(2)鼠笼式异步电动机星形—三角形(Y—△)起动试验

①按图4.6接线,线接好后把调压器输出调至零位。

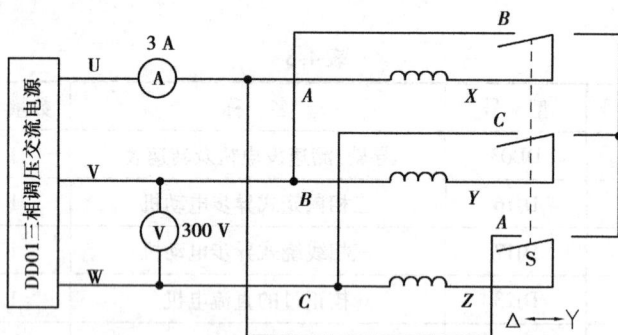

图4.6 三相鼠笼式异步电机星形——三角形起动

②三刀双掷开关S合向右边(Y接法),合上电源开关,逐渐调节调压器使输出电压升至电机额定电压220 V,断开电源开关,待电机停转。

③合上电源开关,观察起动瞬间电流,然后将开关S合向左边,使电机(△)正常运行,整个起动过程结束。观察起动瞬间电流表的显示值以及与其他起动方法作定性比较。

(3)鼠笼式异步电动机的自耦变压器起动试验

①按图4.7接线,电机绕组为△接法,自耦变压器选用 D43-1 三相同轴联动可调电抗器(此时将电抗器作为调压自耦变压器使用),经指导教师检查接线无误后将三相电源调压器输出调至零位,开关S倒向右边。

②合上电源开关,调节电源调压器使输出电压达电机额定电压 $U_1 = 220$ V,同时调节自耦

变压器,使电机端电压 U_2 等于40%电源电压。待电机起动平稳后,断开电源开关,待电机停转后再合上电源开关,电机自耦降压起动,同时读取电机起动瞬间对电网的冲击电流。待电机起动平稳后,将开关S倒向左边,电机按额定电压正常运行,整个起动过程结束。

③在第②步的基础上,将开关S倒向右边,调节自耦变压器,使电机端电压 U_2 等于60%电源电压,断开电源开关,待电机停转后再合上电源开关,使电机在60%电源电压下起动,同时读取电机起动瞬间对电网的冲击电流。待电机起动平稳后,将开关S倒向左边,电机按额定电压正常运行,整个起动过程结束。

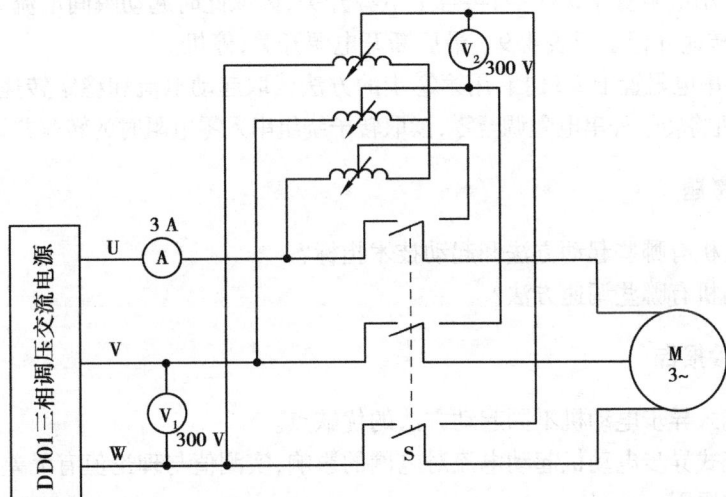

图 4.7　三相鼠笼式异步电动机自耦变压器法起动

④按第③步的方法,将电机端起动电压 U_2 调至80%电源电压,再测取起动电流。

(4)绕线式异步电动机转子绕组串入可变电阻器起动、调速

接线如图4.8所示,定子绕组为Y接法,转子绕组串入DJ17-1起动与调速电阻箱,经检查无误后进行下面的操作。

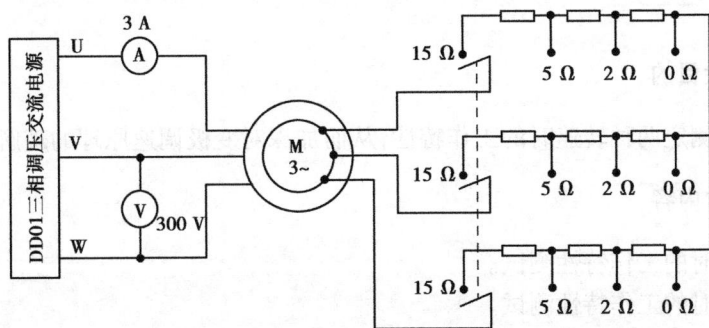

图 4.8　线绕式异步电机转子绕组串电阻起动、调速

①将转子外串电阻置于15 Ω挡,合上电源开关,调节调压器输出使电机定子绕组达到220 V额定电压。电机起动且转速达到平稳后断开电源开关,待电机停转后,合上电源开关,同时读取起动瞬间的电流值。电机起动平稳后,再读取转速,记录于表4.9中。最后断开电源开关,停机。

表 4.9

$U = 220 \text{ V}$

r_{st}/Ω	0	2	5	15
I_{st}/A				
$n/(\text{r} \cdot \text{min}^{-1})$				

②将转子外串电阻置于5 Ω挡,再合上电源开关,读取此时起动瞬间电流。待电机起动结束后,读取此时转速并记录于表4.9。最后断开电源开关,停机。

③将转子外串电阻置于2 Ω挡,用第②步的方法读取起动电流和稳定转速并记录于表4.9中。最后,不停机将转子外串电阻调至零,读取转子绕组串入零电阻时的转速并记录于表4.9中。

4.2.5 思考题

①异步电动机有哪些起动方法和起动技术指标?
②异步电动机有哪些调速方法?

4.2.6 实验报告

①比较鼠笼式异步电动机不同起动方法的优缺点。
②说明鼠笼式异步电动机起动电流对电网的影响,实测值与理论值有无差别。若有差别,试述产生差别的原因。
③说明线绕式异步电动机转子绕组串入不同电阻对起动电流的影响。
④说明线绕式异步电动机转子绕组串入不同电阻对电机转速的影响。

4.3 双速异步电动机

4.3.1 实验目的

用实验方法测定两种转速时的工作特性,从而加深对变极调速原理的理解。

4.3.2 实验内容

①四极电机时的工作特性测试。
②二极电机时的工作特性测试。

4.3.3 实验设备及挂件参考排列顺序

(1)实验设备

实验设备见表4.10。

表4.10

序号	型号	名称	数量/件
1	DD03	导轨、测速发电机及转速表	1
2	DJ23	校正过的直流电机	1
3	DJ22	双速异步电动机	1
4	D32	交流电流表	1
5	D33	交流电压表	1
6	D34-2	单三相智能功率、功率因数表	1
7	D31	直流电压表、毫安表、安培表	1
8	D42	三相可调电阻器	1
9	D51	波形测试及开关板	1

(2)屏上挂件参考排列顺序

其排列顺序是:D31,D42,D33,D32,D34-3,D51。

4.3.4 实验方法

(1)四极电机时的工作特性测试

①按图4.9接线,电机和校正直流电机(作发电机)同轴连接(校正发电机的接线参考实验2-3图2-5左)。负载电阻选用D42上900 Ω串900 Ω,再加上两只900 Ω的电阻并联,共2 250 Ω。

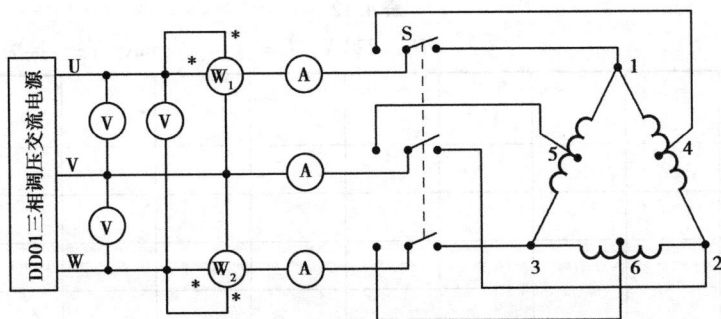

图4.9 双速异步电动机(2/4极)

②把电流表短接,功率表电流线圈短接,转速表量程选3 600 r/min。把开关S合向图4.9所示的右边,使电动机为△接法(四极电机)。

③接通交流电源,按下控制屏上起动按钮,调节调压器,使输出电压为电动机额定电压220 V,并保持恒定。

④把电流表、功率表的短接线拆掉,给电机施加负载,使异步电动机定子电流逐渐上升到1.25 倍额定电流。从这负载开始,逐渐减小负载直至空载,在这范围内读取异步电动机的定子电流、输入功率、转速、转矩数据。

⑤共读取数据 6~8 组并记录于表 4.11 中。

表 4.11

$U_N = 220$ V $I_f =$ _____ mA   △接法(四极电机)

序号								
I/A								
P_1/W								
I_F/A								
n /(r·min^{-1})								
T_2 /(N·m)								
P_2/W								
$\eta/\%$								
$\cos \varphi$								

(2)二极电机时的工作特性测试

①把电流表短接,功率表电流线圈短接,把开关 S 合向左边(Y—Y接法)并把右边三端点用导线短接。

②电机空载起动,保持输入电压为额定电压,拆掉电流表,功率表短接。给电机施加负载,使异步电动机定子电流为 $1.25I_N$,然后逐次减小负载,直至空载。

③测取电机的 I,P_1,n,直流电机的 I_F,共取数据 6~8 组并记录于表 4.12 中。

表 4.12

$U_N = 220$ V $I_f =$ _____ mA   Y—Y接法(二极电机)

序号								
I/A								
P_1/W								
I_F/A								
n /(r·min^{-1})								
T_2 /(N·m)								
P_2/W								
$\eta/\%$								
$\cos\varphi$								

4.3.5　思考题

①变极调速原理是什么?
②如何用实验方法采取异步电动机的工作特性?

4.3.6　实验报告

①绘制二极电机运行时的工作特性曲线。
②绘制四极电机运行时的工作特性曲线。
③对这种 2/4 极双速电机的性能加以评价。

4.4　异步电动机的温升试验

4.4.1　实验目的

掌握异步电动机温升试验的方法。

4.4.2　实验内容

①冷却介质温度的测定。
②定子铁芯温度的测定。

4.4.3　实验方法

(1)冷却介质温度的测定
将几只水银温度计(酒精温度计)放置在冷却空气进入电机的途径中距离电动机 1 ~ 2 m 处,并注意使其不受外来辐射热及气流的影响,几只温度计读数的平均值即为冷却介质的温度。

(2)定子铁芯温度的测定
接线如图 4.10 所示(注意将单相调压器 TD 输出置零,R 置最大阻值)。定子铁芯温度采用温度计法测定,将酒精温度计(因铁芯表面有磁场变化,不能用水银温度计)球部一端与被试电机定子铁芯表面紧贴(可拧去吊攀,将温度计插入螺孔)并设法固定。试验前,先测取铁芯温度(即介质温度)。合上 S、S_1,增加三相调压器 TS 输出,起动电机,使输出电压达 380 V;合上 S_3,缓慢增加单相调压器 TD 输出,给异步电机加上负载,直至定子电流达到额定值为止(注意在加负载时要慢,否则可能使测功器重锤翻转)。当被试电机带上负载后,铁芯温度开始上升。以后每隔 20 min 测取一次,直至铁芯温度达到实际稳定状态(设此时的温度为 θ_w),即一小时内定子铁芯温度的变化不超过 1 ℃ 为止。读取数据记录于表 4.13 中,读取试验末冷却介质(空气)温度 θ'。

(3)定子绕组平均温升的测定
当电机温升稳定后(即铁芯温升达实际稳定状态),做好测定定子绕组热态电阻的准备。断开电源,迅速堵住转子,用双臂电桥迅速测取定子绕组的热态电阻,同时用秒表测取距断电

瞬间的时间间隔 t。读取不同 t 时的 r_t 值,共读取 5 ~ 6 组数据并列于表 4. 14 中,应特别注意尽快读取最初一点的 r_t 值,即相应于图 4. 11 中 t_1 时的 r_t 值。

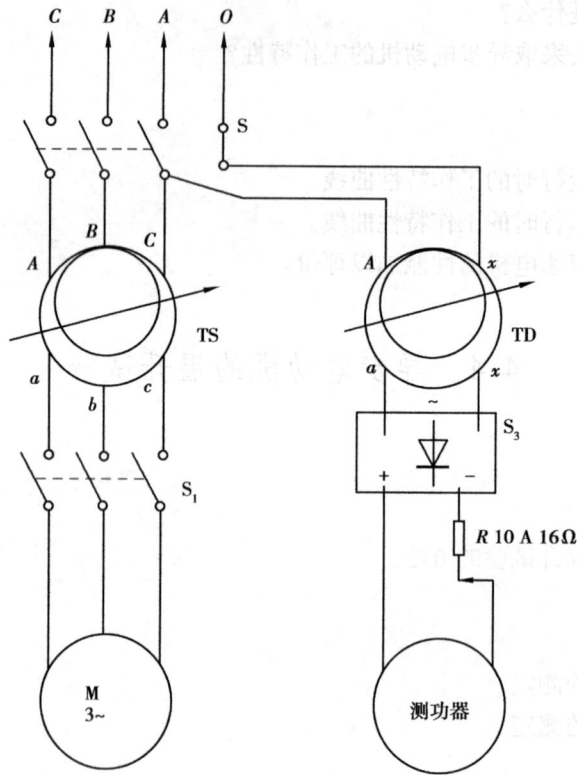

图 4. 10　温升试验接线图

表 4. 13

时间 t/min	
温度 θ/℃	

表 4. 14

序　号	
电阻值 r_t/Ω	
时间间隔 t/s	

如果电机断电以后绕组电阻开始增大然后再减小,则应取所测电阻最大值作为断电瞬间的电阻值。

4.4.4　思考题

如何用电阻法、温度计法测定温升? 应注意哪些事项?

4.4.5　实验报告

(1)计算定子线组的平均温升

画曲线 $\ln r_t = f(t)$，如图 4.11 所示。从最初一点延长曲线，交纵轴于 $\ln r_m$，r_m 即为断电瞬间的绕组电阻。利用绕组的直流电阻随温度的变化关系，可按下式求得绕组的平均温升为 τ。

$$\tau = \frac{r_m - r}{r}(K + \theta) + \theta - \theta'$$

式中　　θ——实际冷态时绕组的温度，℃；

　　　　θ'——试验结束时冷却介质的温度，℃；

　　　　r_m——断电瞬间绕组的热态电阻，Ω；

　　　　r——冷态时定子绕组的实际电阻，Ω；

　　　　K——常数，对铜 $K = 235$，对铝 $K = 228$。

(2)求定子铁芯温升

从表 4.13 记录数据中选取最后稳定的铁芯温度 θ_w 与当时冷却介质 θ' 的温度之差，即为铁芯温升 τ'，$\tau' = \theta_w - \theta'$。

(3)其他要求

分析温升试验中存在的误差及提高温升试验准确性的方法，对被试电机的温升情况作出评价。

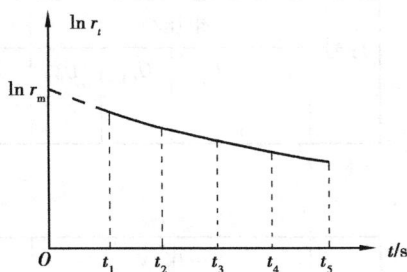

图 4.11　断电瞬间的电阻

4.5　异步电动机的圆图

4.5.1　实验目的

用作圆图的方法求异步电动机的工作特性曲线。

4.5.2　实验内容

①测量定子相电阻。
②空载实验。
③堵转实验。

4.5.3　实验方法

①异步电动机的工作特性可用直接负载法求取，或用已知参数作等值电路再通过计算求取，也可通过作圆图求取。当做直接负载试验条件不具备时，通常采用作圆图的方法。在中、大型电机中，圆图的应用尤为广泛，它对于帮助我们研究异步电动机运行性能也是很有意义的。

②按 1.3 节的方法测量定子绕组电阻 r_1 并折算为基准工作温度时的电阻 r_w。

③空载试验接线和试验方法见 4.1 节所述，试验数据记录于表 4.15 中。

④堵转试验接线和实验方法见 4.1 节所述,试验数据记录于表 4.16 中。

表 4.15

序号	电压/V				电流/A				功率/W			功率因数 $\cos \varphi_0$
	U_{AB}	U_{BC}	U_{CA}	U_0	I_A	I_B	I_C	I_0	P_{I}	P_{II}	P_0	

表 4.16

序号	电压/V				电流/A				功率/W			功率因数 $\cos \varphi_k$
	U_{AB}	U_{BC}	U_{CA}	U_k	I_A	I_B	I_C	I_k	P_{I}	P_{II}	P_k	

4.5.4　根据空载和堵转试验作圆图

对于中小容量的电机,定子漏阻抗、激磁电抗相对较大,为了减小误差,应作准确圆图。下面介绍根据空载和堵转试验数据作准确圆图的方法。

①由空载试验数据作曲线 $I_0 = f(U_0)$,得额定电压 $U_{N\varphi}$ 时的空载电流 $I_{0\varphi}$ 和滞后的相位角

$$\varphi_0 = \arccos \frac{p_0}{3 U_{N\varphi} I_{0\varphi}}$$

②由空载试验数据作曲线 $p'_0 = p_0 - 3I_{0\varphi}^2 r_1 = f(U_{0\varphi}^2)$,分离出机械耗 p_{mec}。

③根据国家标准估算空载时的附加损耗

$$p_{ad0} = 0.005 P_N \left(\frac{I_0}{I_N} \right)^2$$

式中,p_N 为异步电动机的额定输出功率,I_N 为额定定子电流(p_{ad0} 也可以通过试验求得,此处略)。

④确定各种比例尺,若电流的比例尺为 $m_i = \mathrm{A/cm}$,则功率比例尺 $m_p = 3U_{N\varphi} m_i$ W/cm,转矩比例尺 $m_T = \dfrac{m_p}{\Omega_1} = \dfrac{3 U_{N\varphi} P}{2\pi f_1} m_i$ N·m/cm。式中,Ω_1 为同步角速度,p 为电机极对数,f_1 为电源频率。

⑤在坐标上确定空载点 O'' 和理想空载点 O,用较大的坐标纸作一座标,原点为 O',纵坐标为定子相电压 $\dot{U}_{1\varphi}$,横坐标为一射线(零功率线)。根据空载额定电压时的空载电流 $\dot{I}_0$ 滞后定子相电压 $\dot{U}_{0\varphi} \varphi_0$ 角度,作出 $\overline{O'O''}$ 得出 $\dot{I}_0$ 相量,$\dot{I}_0$ 相量末端为空载点 O''。从空载点 O'' 平行于纵轴向下截取一线段 $\overline{O''O} = \dfrac{p_{\mathrm{mec}} + p_{ad0}}{m_p}$($p_{ad0}$ 为额定电压时的空载附加损耗)得到理想空载点 O,如图 4.12 所示。

⑥根据试验数据,求出堵转电流 $I_{k\varphi} = I_{N\varphi}$ 时的堵转参数和与该参数对应的额定电压 $\dot{U}_{N\varphi}$ 下的堵转电流 $\dot{I}_{kN\varphi}$,电流 $\dot{I}_{kN\varphi}$ 滞后电压 $\dot{U}_{N\varphi}$ 的相位角 φ_k。

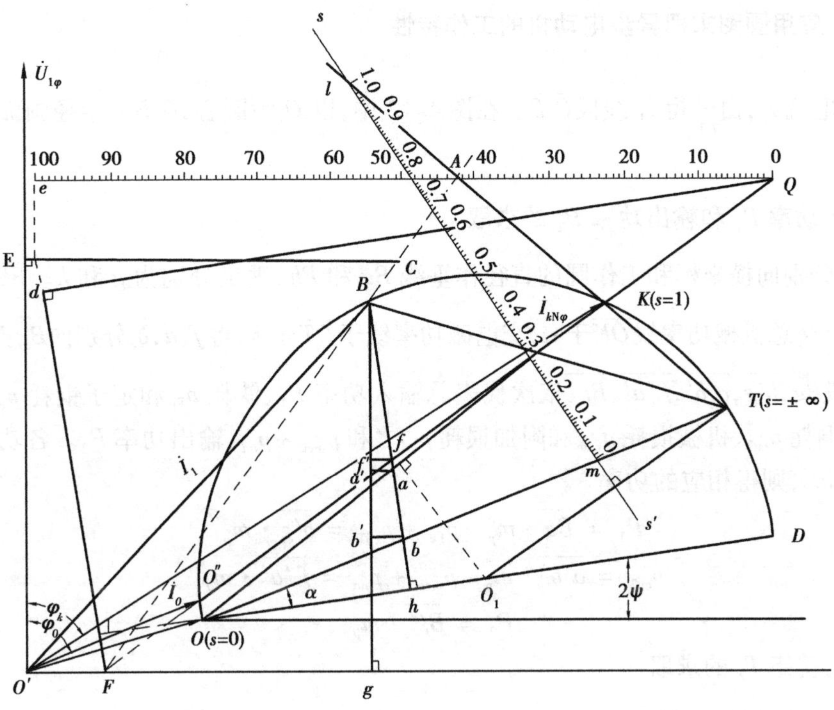

图 4.12   异步电机的圆图

$$Z_k = \frac{U_{k\varphi}}{I_{k\varphi}} \quad r_k = \frac{p_k}{3I_{k\varphi}^2} \quad X_k = \sqrt{Z_k^2 - r_k^2}$$

$$I_{kN\varphi} = \frac{U_{N\varphi}}{Z_k} \quad \varphi_k = \arctan \frac{X_k}{r_k}$$

⑦确定堵转点 K,根据额定电压 $\dot{U}_{N\varphi}$ 下的堵转电流 $\dot{I}_{kN\varphi}$ 滞后定子电压 $\dot{U}_{1\varphi}\varphi_k$ 角,作出 $\overline{O'K}$,得 $\dot{I}_{kN\varphi}$ 相量,$\dot{I}_{kN\varphi}$ 相量末端 K 为短路点。

⑧确定圆图的直径位置,以理想空载点 O 为轴,将平行于横轴正向的射线沿反时针方向旋转 2ψ 角画一条直线 OD,该射线即为圆图直径位置。角度 $2\psi = \arctan \dfrac{2I_0 r_1}{U_N}$(式中,$U_{N\varphi}$ 为定子额定相电压,I_0 为额定相电压对应的空载相电流,r_1 为定子相电阻)。

⑨作工作圆图,连接 O、K 两点得总机械功率线 $\overline{OK}$,连接 O''、K 两点得输出功率线 $\overline{O''K}$,再作 $\overline{OK}$ 的垂直平分线交 $\overline{OD}$ 于 O_1,以 O_1 为圆心,$\overline{O_1 O}$ 或 $\overline{O_1 K}$ 为半径作半圆 $\overset{\frown}{OKD}$,即为所求工作圆。

⑩作电磁功率线,以理想空载点 O 为轴,将重合于工作圆直径的射线沿反时针方向旋转 α 角,交工作圆于 T,$\overline{OT}$ 线即为电磁功率线。角 $\alpha = \arctan \dfrac{r_1 m_i \overline{OD}}{U_{N\varphi}}$。

至此,画出了异步电动机的圆图。若 I_1 在弧 $\overset{\frown}{O''K}$ 范围内取不同的值,则可通过圆图求得工作特性 $I_1, \cos \varphi_1, T_2, \eta, S = f(p_2)$。

4.5.5 应用圆图求取异步电动机的工作特性

取定子电流 I_1，由 $\dfrac{I_1}{m_i}$ 得 I_1 线段 $\overline{O'B}$。在图 4.12 中，以 O 为圆心，$\overline{O'B}$ 为半径画弧交工作圆于 B 点。

（1）输入功率 P_1 和输出功率 P_2 的求取

过 B 点分别向横坐标和工作圆的直径作垂线 Bg 和 Bh，垂足分别为 g 和 h。Bh 交输出功率线 $\overline{O''K}$ 于 f，交总机械功率线 $\overline{OK}$ 于 a，交电磁功率线于 $\overline{OT}$ 于 b，将 f,a,b 分别向 $\overline{Bg}$ 投影得 f'，a',b'，则线段 $\overline{Bg}$、$\overline{b'g}$、$\overline{a'b'}$、$\overline{f'a'}$、$\overline{Bf'}$ 依次代表总输入功率 P_1、铁耗 p_{Fe} 和定子铜耗 p_{cu1} 之和 $p_{Fe}+p_{cu1}$、转子铜耗 p_{cu2}、机械损耗 p_{mec} 和附加损耗 p_{ad} 之和 $p_{mec}+p_{ad}$、输出功率 P_2。各功率线乘以功率比例尺 m_P，则得相应的功率

$$P_1 = \overline{Bg} \cdot m_p \qquad p_{Fe}+p_{cu1} = \overline{b'g} \cdot m_p$$
$$p_{cu2} = \overline{a'b'} \cdot m_p \qquad p_{mec}+p_{ad} = \overline{f'a'} \cdot m_P$$
$$P_2 = \overline{Bf'} \cdot m_p$$

（2）输出转矩 T_2 的求取

$\overline{Bf'}$ 也是输出转矩线，故

$$T_2 = \overline{Bf'} \cdot m_T$$

（3）功率因数 $\cos\varphi_1$ 的求取

在 $\overline{O'B}$ 上或 $\overline{O'B}$ 的延长线上取一点 c，使 $\overline{O'C}=100\ \text{mm}$，过 c 点作轴的垂线，垂足为 E，则功率因数

$$\cos\varphi_1 = \frac{\overline{O'E}（\text{以 mm 为单位}）}{100}$$

（4）效率的求取

延长输出功率线 KO'' 与横轴相交于 F，过 F 点作一直线 Fd 垂直于圆的直径 OD。在 $O''K$ 的延长线上任取一点 Q，自 Q 作直线 Qd 与 Fd 垂直，以 Q 点为圆心，$\overline{Qd}$ 为半径作弧 $\overset{\frown}{de}$，使 Qe 线与横坐标平行且 $\overline{Qe}=\overline{Qd}$。$\overline{Qe}$ 线便是效率线。将它等分为 100 小格，从 F 点作一直线至圆周上的运行点 B，延长直线 FB 与 Qe 相交于 A，则效率

$$\eta = \frac{\overline{QA}（\text{以等分的小格为单位}）}{100}$$

（5）转差率 s 的求取

任意作一直线 ss' 垂直于过工作圆上的 $T(s=\pm\infty)$ 点的半径 O_1T，则 ss' 为转差率线。过 $K(s=1)$、$T(s=\pm\infty)$ 两点作一直线与 ss' 相交于 l 点，l 点便是转差率 $s=1$ 的点。连接 $O(s=0)$、T 两点的线段与 ss' 相交于 m 点，m 点便是转差率 $s=0$ 的点。将 $\overline{ml}$ 线段在 0 到 1 的范围内等分，如图 4.12 所示，连接 B 点和 T 点的线段与 ss' 相交于 t 点，则 t 点便是转差率数值。

4.5.6 实验报告

①说明用作圆图的方法求异步电动机的工作特性。
②说明用圆图求工作特性的误差。

4.6 三相异步发电机

4.6.1 实验目的

研究三相异步发电机的自激条件、工作特性及运行问题。

4.6.2 实验内容

①空载试验。

保持 $n = n_N = n_c$ 不变,测取 $U_0 = f(I_c)$。

保持 $n = n_N = n_c$ 不变,测取 $U_0 = f(C)$。

②测取电容不变时空载电压与转速(频率)的关系,即保持电容 C 为常数,测取 $U_0 = f(n)$。

③测取空载电压不变时频率与电容的关系,即保持 U_0 为常数,测取 $f = f(C)$。

④外特性:保持 $n = n_N$,C 等于常数,$\cos \varphi = 1$,测取 $U = f(I)$。

4.6.3 实验方法

三相异步电机主要作为电动机运行,但也可以作为发电机运行。三相异步电机与电网并联,当其转速大于同步转速($n > n_c$)时,便处于发电机运行状态,这对于研究异步电机的不同运行方式与可逆原理是很有意义的。本实验专门研究三相异步电动机在定子绕组上并联三相电容器作为自激异步发电机应用的原理、特性及运行问题。

(1)异步发电机的自激磁

三相异步发电机的试验线路如图4.13所示。

同步发电机通常以专用励磁机或可控硅整流装置供给直流电励磁,而异步发电机可以在定子绕组上接电容器,以电容电流激磁,故称为自激磁。

自激磁过程:转子上应有剩磁 ϕ'_r(无剩磁须充磁,方法后述),当转子转动时,ϕ'_r 被定子绕组切割,定子绕组产生感应电势 E'_r(落后于 ϕ'_r 90°),于是在定子绕组与电容器构成的回路中有电流流通,绕组中电流 I_c 超前于 E'_r 90°(与 ϕ_r 同方向),产生 ϕ_c 使磁场增强,于是定子绕组感应电势 E 继续增长,直至稳定运行点 A 为止,建立起稳定电压,如图4.13所示。

(a) 自激发电机接线图

(b) 自激向量图

(c) 空载特性与容抗曲线

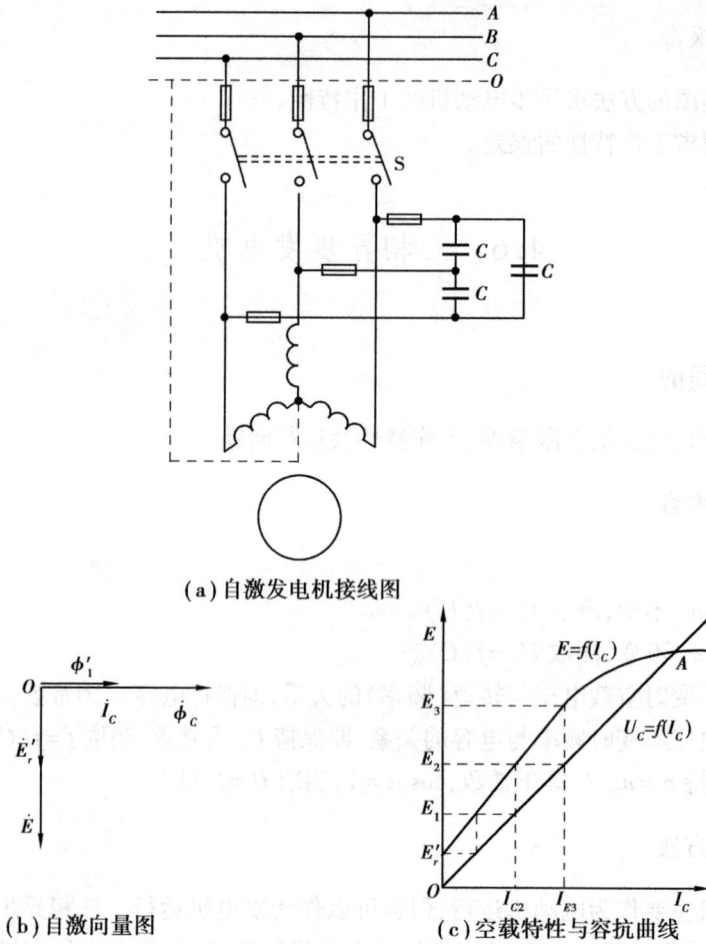

图 4.13　三相自激异步发电机原理图

(2) 空载试验

开关 S 断开,起动原动机,保持发电机转速为额定值不变,调节电容器,即调节电容电流 I_C 读取对应的空载电压 U_0,共读取数据 6 ～ 7 组并记录于表 4.17 中。

表 4.17

$n = n_N$ _____ r/min

序　号	U_0/V	U_0^*	I_C/A	I_C^*	$C/\mu F$

根据空载试验数据可作出空载特性曲线,如图 4.14 所示。图中 α_1 为临界电容角,$C_1 < C_2 < C_3$。当 $\alpha_C > \alpha_1$ 时不能自激,$\alpha_C < \alpha_1$ 时能自激,并有一稳定激磁电压。

(3) 保持 $n = n_N =$ 常数时,测空载电压与电容的关系

由图 4.15 可见,电压与电容的关系曲线与空载特性曲线相似。只有当电容量达一定数值时,空载电压才趋于稳定。

（4）**保持电容 C 为常数,测取空载电压与转速（频率）的关系,即 $U_0 = f(n)$**

转速在一定范围内增加时,空载电压也增加,它们近似于线性关系。转速超过额定转速时应缓慢调速,以免过电压。曲线如图 4.16 所示,图中 $C_1 < C_2 < C_3$。

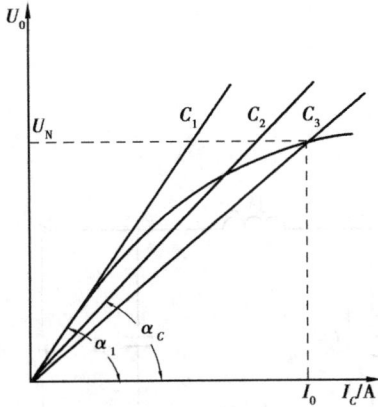

图 4.14 空载特性曲线

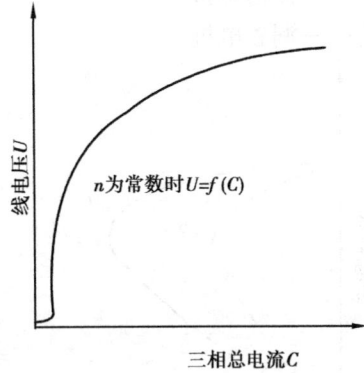

图 4.15 电压与电容的关系曲线

（5）**保持 U_0 为常数,测电容与频率的关系**

图 4.17 表明频率低时所需要的电容量最大,故在低转速时要达到额定电压则必须增加电容量。

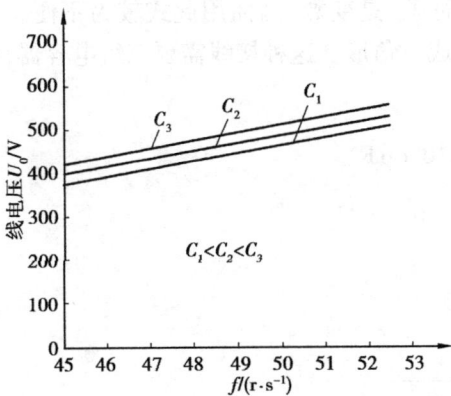

图 4.16 空载电压与频率的关系曲线（C = 常数）

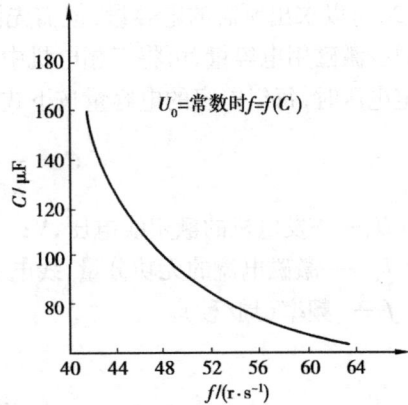

图 4.17 电容与频率的关系曲线

（6）**外特性**

保持发电机转速为额定值,电容量一定,带电阻负载时,线电压与负载电流的关系如图4-18中曲线 1 所示。负载增加时,电压下降,当负载增至临界值而继续增加负载,电流反而减小,线电压急剧下降,如曲线 1 虚线部分所示。如带电感负载,当负载增加时电压下降更快,如曲线 2 所示。可见异步发电机主要用于带电阻性负载,如需带电感性负载时则需配更多电容量。

（7）**电容器的选择**

在图 4.14 中,在空载特性曲线上可查得额定电压时空载电流 I_0,结合图 4.19 异步发电机简化等值电路,可估算所需电容量。

1）空载时电容量的近似计算

额定电压时,由空载特性曲线上查得的空载电流 I_0 包含有功分量 I_{0r} 及无功分量 I_u,即

$$\dot{I}_0 = \dot{I}_{0r} + \dot{I}_u$$

由图 4.19 得

$$I_u(X_m + X_C) = I_u X_C \tag{1}$$

式中　X_m——激磁电抗；

　　　X_σ——漏磁电抗。

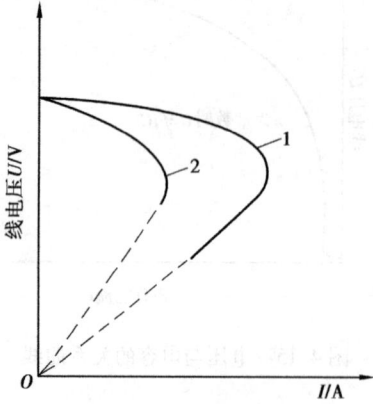

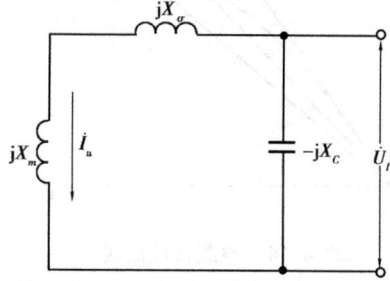

图 4.18　外特性曲线　　　　　　图 4.19　异步发电机简化等值电路

$$X_C = X_m + X_\sigma \tag{2}$$

由式(2)可以求出所需的电容量,但需先测定 X_σ,而 X_m 是变数,因而用此式较为不便。一般为了减少激磁用电容量,可将三相电机中电容器接成三角形。这种接线需要三组电容器,当空载额定电压时,每组电容的电容量按下式计算:

$$C = \frac{I_u}{2\pi\sqrt{3}fU_N} \times 10^6 (\mu F)$$

式中　U_N——发电机的额定线电压,V;

　　　I_u——激磁电流的无功分量,线电流,A;

　　　f——频率(周/秒)。

$$I_u = I_0\sqrt{1 - \cos^2\varphi_0}$$

其中

$$\cos\varphi_0 \approx 0.1 \sim 0.2$$

△形连接空载时,三相所需总的电容量为

$$C' = \frac{\sqrt{3}I_u}{2\pi fU_N} \times 10^6 (\mu F)$$

2)负载时,电容量的近似计算

①电阻负载

发电机带电阻负载时所需容性电流是为克服本身的无功分量 I_R。

$$I_R = I_1\sqrt{1 - \cos^2\varphi}$$

式中　I_1——额定负载电流;

　　　$\cos\varphi$——发电机满载时功率因数,由负载试验求得,带电阻负载,电容器按△形连接,
　　　　　　　每组电容量为

$$C_R = \frac{I_R}{2\pi\sqrt{3}fU_N} \times 10^6 (\mu F)$$

三相所需总电容量

$$C_R' = \frac{\sqrt{3}I_R}{2\pi fU_N} \times 10^6 (\mu F)$$

②动力负载

带动力负载需要增加容性电流以补偿负载的无功部分,需增加的无功容量为

$$p_q = \sqrt{1-\cos^2\varphi_1} \times 发电机容量(kVar)$$

需增加的三相总电容量为

$$C_X = \frac{P_q}{0.314U_N^2} \times 10^6 (\mu F)$$

发电机满载时的总电容量为

$$\sum C = C' + C_X(\mu F)$$

③电容器电压

电容器的电压大小,应不低于发电机端电压幅值的 2 倍。

(8)电容器安装位置

异步发电机与电容器的连接位置有两种:

①定子绕组出线端接主电容器及辅助电容器,定子绕组出线端接一组固定电容器以供给空载时无功电流,称为主电容器。同时接附有转换开关的辅助电容器,供给增加负载时所需激磁电流。为便于调节,辅助电容器可由若干组小电容量电容器并联而成。

②主电容器固定地接在异步发电机定子绕组出线端上,辅助电容器分别接在配电线路上,即在负载端接电容器,使电容电流足以补偿负载引起的电压降,使发电机电压保持稳定。

(9)运行中的几个问题

1)负载性质

三相异步发电机主要适用于照明负载,供给动力负载只能是少量的(一般负载容量在发电机额定容量25%以下,且负载的单机容量不大于发电机容量的10%)。

2)电压调整

为使电压比较稳定,可调节电容量,也可调整原动机转速。

3)失磁处理

①用 3 ~ 6 V 电池在每相定子绕组端充磁即可。

当剩磁很弱时,可在空载时增加定子绕组并联电容量,运转几分钟,即可恢复剩磁。

②在有交流电源的地方,如发电机失磁,可作电动机运行几分钟,即可恢复剩磁。

4)开停机操作程序

开机:先投入电容器,再开动原动机,达额定电压后再接负载。负载与辅助电容一同投入,或一面加负载,一面调辅助电容,以维持电压稳定。

停机:先减少辅助电容,逐步减少负载,若辅助电容装于负载端,则一同拉闸,然后停机。每次停机后应将电容器放电。

4.6.4　实验报告

根据实验数据,作三相异步发电机运行特性曲线,并作简要分析。

95

第 **5** 章
同步电机实验

5.1 三相同步发电机的运行特性

5.1.1 实验目的

①掌握三相同步发电机对称运行时特性的测定方法。

②掌握三相同步发电机在对称运行时稳态参数的测定方法。

5.1.2 实验内容

①空载实验:在 $n = n_N$、$I = 0$ 的条件下,测取空载特性曲线 $U_0 = f(I_f)$。

②三相短路实验:在 $n = n_N$、$U = 0$ 的条件下,测取三相短路特性曲线 $I_k = f(I_f)$。

③纯电感负载特性:在 $n = n_N$、$I = I_N$、$\cos \varphi \approx 0$ 的条件下,测取纯电感负载特性曲线 $U = f(I_f)$。

④外特性:在 $n = n_N$、$I_f =$ 常数的条件下,分别测取 $\cos \varphi = 1$ 和 $\cos \varphi = 0.8$(滞后)的外特性曲线 $U = f(I)$。

⑤调节特性:在 $n = n_N$、$U = U_N$、$\cos \varphi = 1$ 的条件下,测取调节特性曲线 $I_f = f(I)$。

5.1.3 实验设备及挂件参考排列顺序

(1)实验设备

实验设备见表5.1。

表5.1

序　号	型　号	名　　称	数　量/件
1	DD03	导轨、测速发电机及转速表	1
2	DJ23	校正直流测功机	1
3	DJ18	三相凸极式同步电机	1

续表

序　号	型　号	名　　称	数　量/件
4	D32	交流电流表	1
5	D33	交流电压表	1
6	D34-2	单三相智能功率、功率因数表	1
7	D31	直流电压表、毫安表、安培表	1
8	D41	三相可调电阻器	1
9	D42-1	三相同轴联动可调电阻器	1
10	D43-1	三相同轴联动可调电抗器	1
11	D44	可调电阻器、电容器	1
12	D52	旋转灯、并网开关、同步机励磁电源	1

（2）屏上挂件参考排列顺序

其排列顺序是：D44，D33，D32，D34-3，D52，D31，D41，D42，D43。

5.1.4　实验方法

（1）空载实验

①按图 5.1 接线，校正直流测功机 MG 按他励方式连接，用作电动机拖动三相同步发电机 GS 旋转，GS 的定子绕组为 Y 形接法（$U_N = 220$ V）。R_{f2} 用 D41 组件上的 90 Ω 与 90 Ω 串联再加上两只 90 Ω 电阻的并联共 225 Ω 阻值，R_{st} 用 D 44 上的"180 Ω 1.3 A"电阻值，R_{f1} 用 D44 上的"1 800 Ω 0.41 A"电阻值。开关 S_1，S_2 均选用 D51 挂箱。负载电阻用 D42-1 三相同轴联动可调电阻，负载电抗用 D43-1 三相同轴联动可调电抗，负载电阻、电抗都置最大。

②调节 D52 上的 24 V 励磁电源串接的 R_{f2} 至最大阻值位置。调节 MG 的电枢串联电阻 R_{st} 至最大值，MG 的励磁调节电阻 R_{f1} 至最小值。开关 S_1，S_2 均断开。将控制屏左侧调压器手轮向逆时针方向旋转退到零位，检查控制屏上的电源总开关、电枢电源开关及励磁电源开关都须在"关"的位置，作好实验开机准备。

③接通控制屏上的电源总开关，按下"开"按钮，接通励磁电源开关，再接通控制屏上的电枢电源开关，起动 MG。MG 起动并运行正常后，把 R_{st} 调至最小，调节 R_{f1} 使 MG 转速达到同步发电机的额定转速 1 500 r/min 并保持恒定。

④接通 GS 励磁电源，调节 GS 励磁电流（必须单方向调节），使 I_f 单方向递增至 GS 输出电压 $U_0 \approx 1.3 U_N$ 为止。

⑤单方向减小 GS 励磁电流直至零值为止，读取励磁电流 I_f 和相应的空载电压 U_0，读取 7 ~ 9 组数据，并记录于表 5.2 中（注意读出 $I_f = 0$ 时电枢端的剩磁电压），希望在额定电压点测取一组且在其附近多测几组。

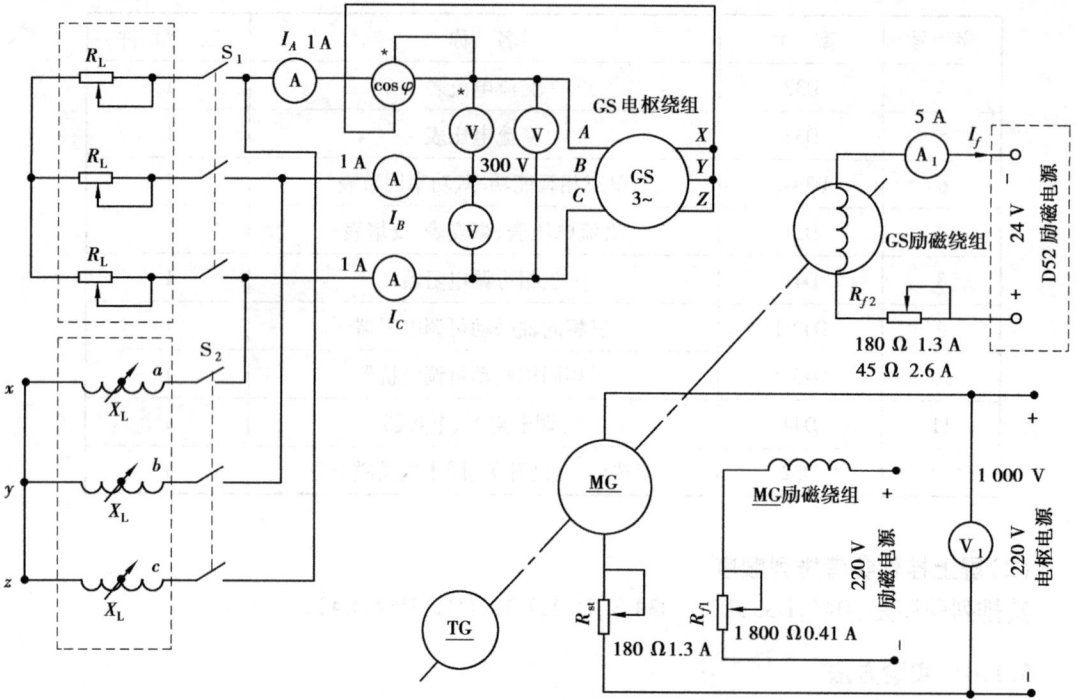

图 5.1　三相同步发电机实验接线图

表 5.2

$$n = n_N = 1\ 500\ \text{r/min} \quad I = 0$$

序　号										
U_0/V										
I_f/A										

（2）三相短路试验

①调节电机转速为额定转速 1 500 r/min，且保持恒定。调节 GS 的励磁电源串接的 R_{f2} 至最大值。断开 GS 的 24 V 励磁电源，将 GS 的三相电枢端短接。

②接通 GS 的 24 V 励磁电源，调节 GS 的励磁电流 I_f 使其定子电流 $I_k = 1.2I_N$，读取 GS 的励磁电流值 I_f 和相应的定子电流值 I_k。

③减小 GS 的励磁电流使定子电流减小，直至励磁电流为零，读取励磁电流 I_f 和相应的定子电流 I_k 5～6 组数据并记录于表 5.3 中。希望在额定电流点测取一组。

表 5.3

$U = 0\ V\qquad n = n_N = 1\ 500\ r/min$

序　号										
I_k/A										
I_f/A										

(3)纯电感负载特性

①保持同步发电机的转速不变。调节 GS 的 R_{f2} 至最大值,调节可变电抗器使电阻抗达到最大。断开 GS 的 24 V 励磁电源,再拔掉 GS 电枢三端点的短接线,合上开关 S_2,使发电机 GS 带纯电感负载运行。

②接通 GS 的 24 V 励磁电源,调节 R_{f2} 或励磁电源和可变电抗器 D43-1 使同步发电机端电压接近于 1.1 倍额定电压且电枢电流为额定电流,读取端电压 U 值和励磁电流 I_f 值。

③每次调节励磁电流使电机端电压减小且调节可变电抗器,使定子电流值保持恒定为额定电流。读取端电压和相应的励磁电流(希望在额定电压点测取一组)。

④测取 6 ~ 7 组数据记录于表 5.4 中。

表 5.4

$n = n_N = 1\ 500\ r/min\qquad I = I_N = \underline{\qquad} A$

U/V									
I_f/A									

(4)测同步发电机在纯电阻负载时的外特性

①调节机组转速达同步发电机额定转速 1 500 r/min,而且保持转速恒定。

②断开开关 S_2,合上 S_1,电机 GS 带三相纯电阻负载运行。

③接通 24 V 励磁电源,调节 R_{f2} 使同步发电机的端电压达额定值 220 V,同时调节负载电阻 R_L 使负载电流达额定值。记下此时的励磁电流、电枢端电压和电枢电流。

④保持这时的同步发电机励磁电流 I_f 恒定不变,调节负载电阻 R_L,测同步发电机端电压和相应的负载电流,直至负载电流减小到零,共测取 5 ~ 6 组数据记录于表 5.5 中。

表 5.5

$n = n_N = 1\ 500\ r/min\qquad I_f = \underline{\qquad} A\qquad \cos\varphi = 1$

U/V								
I/A								

(5)测同步发电机在负载功率因数为 0.8 时的外特性

①在图 5.1 中接入功率因数表,调节可变负载电阻使阻值达最大,调节可变电抗器使电抗值达最大值。

②调节 R_{f2} 至最大值,保持同步发电机转速为额定转速 1 500 r/min。合上开关 S_1,S_2,把 R_L 和 X_L 并联使用作电机 GS 的负载。

③接通 24 V 励磁电源,调节 R_{f2}、负载电阻 R_L 及可变电抗器 X_L,使同步发电机的端电压达额定值 220 V,负载电流达额定值及功率因数为 0.8(滞后)。

④保持这时的同步发电机励磁电流 I_f 恒定不变,调节负载电阻 R_L 和可变电抗器 X_L,使负载电流改变而功率因数保持不变为 0.8,测同步发电机端电压和相应的负载电流,共测取 5~6 组数据记录于表 5.6 中。

表 5.6

$n = n_N = 1\ 500\ \text{r/min}$ $I_f = \underline{\qquad}$ A $\cos \varphi = 0.8$(滞后)

U/V						
I/A						

(6)测同步发电机在纯电阻负载时的调整特性

①断开 S_2,合上 S_1,发电机接入三相电阻负载 R_L,调节 R_L 使阻值达最大,电机转速仍为额定转速 1 500 r/min 且保持恒定。

②调节 R_{f2},使发电机端电压达额定值 220 V 且保持恒定。

③调节 R_L 阻值,以改变负载电流,读取保持电压恒定的相应励磁电流 I_f,从 $I = 1.1I_N \sim 0$ 的范围内,共测取 4~5 组数据记录于表 5.7 中。

表 5.7

$U = U_N = 220\ \text{V}$ $n = n_N = 1\ 500\ \text{r/min}$

I/A						
I_f/A						

5.1.5　思考题

①同步发电机的运行特性曲线有哪几条?曲线的大致形状如何?各应调节哪些设备,保证哪些条件不变,测取哪些数据?

②怎样利用空载、短路和零功率因数负载特性曲线求取同步发电机参数?

③定子漏抗 X_σ 和保梯电抗 X_p 它们各代表什么参数?它们的差别是怎样产生的?

④由空载特性和特性三角形用作图法求得的零功率因数的负载特性与实测特性是否有差别?造成这差别的原因是什么?

⑤如何正确起动直流电动机?直流电动机有哪几种调速方法?

5.1.6　实验报告

①根据实验数据绘出同步发电机的空载特性曲线。

②根据实验数据绘出同步发电机短路特性曲线。

③根据实验数据绘出同步发电机的纯电感负载特性曲线。

④根据实验数据绘出同步发电机的外特性曲线。

⑤根据实验数据绘出同步发电机的调整特性曲线。

⑥由零功率因数特性和空载特性确定电机定子保梯电抗 X_p。

⑦利用空载特性和短路特性确定同步电机的直轴同步电抗 X_d(不饱和值)。

⑧利用空载特性和纯电感负载特性确定同步电机的直轴同步电抗 X_d(饱和值)。

⑨求短路比。

⑩由外特性试验数据求取电压调整率 $\Delta U\%$ 。

5.2　三相同步发电机的并联运行

5.2.1　实验目的

①掌握三相同步发电机投入电网并联运行的条件与操作方法。

②掌握三相同步发电机并联运行时有功功率与无功功率的调节。

5.2.2　实验内容

①用准确同步法将三相同步发电机投入电网并联运行。

②用自同步法将三相同步发电机投入电网并联运行。

③三相同步发电机与电网并联运行时有功功率的调节。

④三相同步发电机与电网并联运行时无功功率的调节。

a.测取当输出功率约等于零时三相同步发电机的 V 形曲线。

b.测取当输出功率约等于0.5 倍额定功率时三相同步发电机的 V 形曲线。

5.2.3　实验设备及挂件参考排列顺序

(1)实验设备

实验设备见表5.8。

表5.8

序　号	型　号	名　称	数　量/件
1	DD03	导轨、测速发电机及转速表	1
2	DJ23	校正直流测功机	1
3	DJ18	三相同步发电机	1
4	D32	交流电流表	1
5	D33	交流电压表	1
6	D34-2	单三相智能功率、功率因数表	1
7	D31	直流电压表、毫安表、安培表	1
8	D41	三相可调电阻器	1
9	D44	可调电阻器、电容器	1
10	D52	旋转灯、并网开关、同步机励磁电源	1

（2）屏上挂件参考排列顺序

其排列顺序是：D44,D52,D53,D33,D32,D34-3,D31,D41。

5.2.4 实验方法

（1）用准同步法将三相同步发电机投入电网并联运行

三相同步发电机与电网并联运行必须满足下列条件：

①发电机的频率和电网频率要相同，即 $f_{II}=f_I$；

②发电机和电网电压大小、相位要相同，即 $E_{0II}=U_I$；

③发电机和电网的相序要相同。

为了检查这些条件是否满足，可用电压表检查电压，用旋转灯光法或整步表法检查相序和频率。本次实验用旋转灯光法。

（2）旋转灯光法

①按图 5.2 接线。三相同步发电机 GS 选用 DJ18,GS 的原动机采用 DJ23 校正直流测功

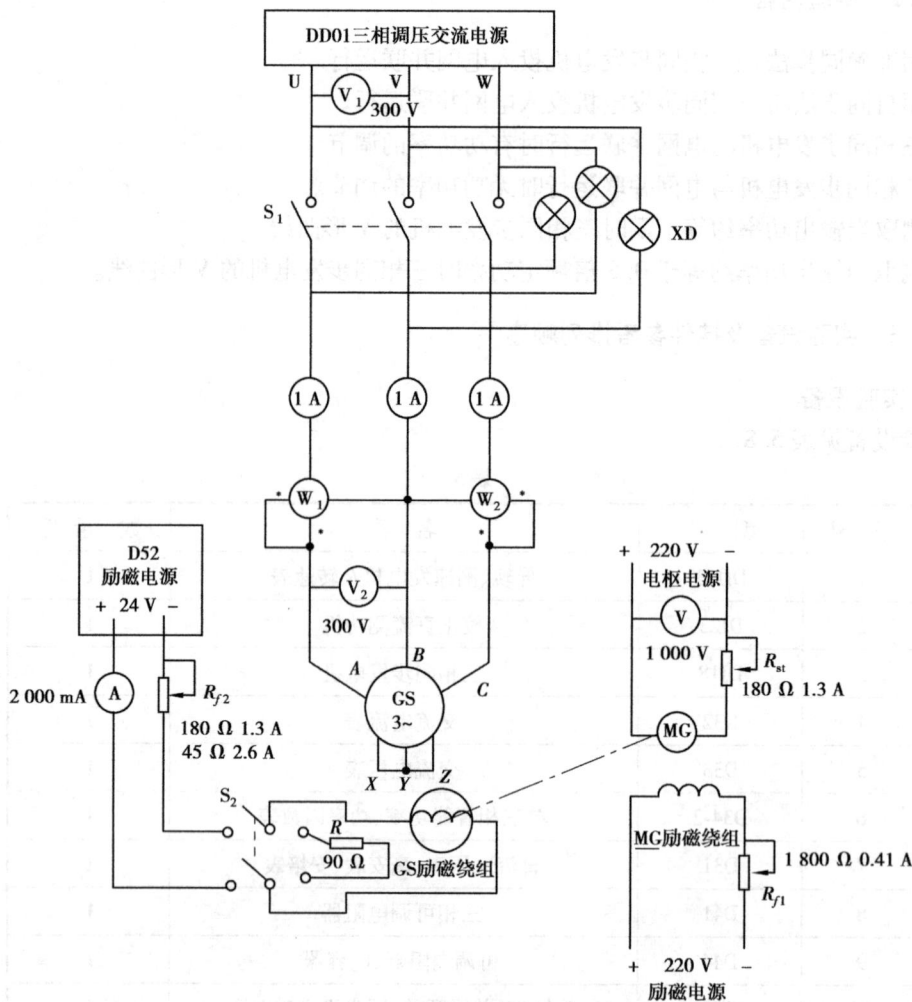

图 5.2 三相同步发电机的并联运行

102

机 MG。R_{st} 选用 D44 上"180 Ω 1.3 A"电阻，R_{f1} 选用 D44 上"1 800 Ω 0.41 A"电阻，R_{f2} 选用 D41 上 90 Ω 与 90 Ω 电阻串联再加上两只 90 Ω 电阻的并联共 225 Ω 阻值，R 选用 D41 上 "90 Ω 1.3 A"固定电阻。开关 S_1 选用 D52 挂箱，并打在"关断"位置；S_2 选用 D53 挂箱，合向 固定电阻端(图示右端)。

②三相调压器输出调至零位，在电枢电源及励磁电源开关都在"关断"位置的条件下，合 上电源总开关，按下"开"按钮，调节调压器使电压升至额定电压 220 V，可通过 V_1 表观测。

③按他励电动机的起动步骤(校正直流测功机 MG 电枢必须串联最大起动电阻 R_{st}，励磁 调节电阻 R_{f1} 调至最小，先接通控制屏上的励磁电源，后接通控制屏上的电枢电源)，起动 MG 并使 MG 电机转速达额定转速 1 500 r/min。将开关 S_2 合到同步发电机的 24 V 励磁电源端 (图示左端)，调节 R_{f2} 以改变 GS 的励磁电流 I_f，使同步发电机发出额定电压 220 V，可通过 V_2 表观测。

④观察 3 组相灯，若依次明灭并形成旋转灯光，则表示发电机和电网相序相同；若 3 组相 灯同时发亮、同时熄灭，则表示发电机和电网相序不同。当发电机和电网相序不同时，则应停 机(先将 R_{st} 调回到最大阻值位置，断开控制屏上的电枢电源开关，再按下交流电源的"停"按 钮)，并把三相调压器旋至零位。在确保断电的情况下，调换发电机或三相电源任意两根端线 以改变相序后，按前述方法重新起动 MG。

⑤当发电机和电网相序相同时，调节同步发电机励磁使同步发电机电压和电网(电源)电 压相同。再进一步细调原动机转速，使各相灯光缓慢地轮流旋转发亮。待同相灯熄灭时合上 并网开关 S_1，把同步发电机投入电网并联运行(为选准并网时机，可让其循环几次再并网)。

(3)用自同步法将三相同步发电机投入电网并联运行

上面已做过旋转灯光法，已知发电机相序与电网相序一致，若不一致首先采用相序表或旋 转灯光法检验同步发电机电压与电网电压相序，两者必须一致。调节原动机转速，使同步发电 机转速接近同步转速(允许与同步转速相差 ±(2 ~ 3)% n_N)，调节同步发电机励磁，使发电机 空载电压与电网电压近似相等，保持此时的励磁电流不变。

完成上述并联操作准备之后，将开关 S_2 倒向 R 边，励磁绕组经限流电阻 R 闭合，合上并 网开关 S_1，将同步发电机投入电网。接着立即将开关 S_2 倒向励磁边，送入励磁电流，同步发 电机则自行牵入同步。

(4)三相同步发电机与电网并联运行时有功功率的调节

①按上述(1)、(2)中任意一种方法把同步发电机投入电网并联运行。

②并网以后，调节校正直流测功机 MG 的励磁电阻 R_{f1} 和发电机的励磁电流 I_f，使同步发 电机定子电流接近于零。这时相应的同步发电机励磁电流 $I_f = I_{f0}$。

③保持这一励磁电流不变，调节直流电机的励磁调节电阻 R_{f1}，使其阻值增加。这时同步 发电机输出功率 P_2 增大。

④在同步电机定子电流从额定值到接近于零的范围内读取三相电流、电压、三相功率，共 测取 6 ~ 7 组数据记录于表 5.9 中。

表 5.9

$$U = \underline{\quad\quad} V(Y) \; ; \quad I_f = I_{f0} = \underline{\quad\quad} A$$

序号	输出电流 I/A				输出功率 P_2/W			功率因数
	I_A	I_B	I_C	I	P_I	P_{II}	P_2	$\cos\varphi$

表中：$I = (I_A + I_B + I_C)/3$, $P_2 = P_I + P_{II}$, $\cos\varphi = P_2/\sqrt{3}UI$。

(5)三相同步发电机与电网并联运行时无功功率的调节

1)测取当输出功率等于零时三相同步发电机的 V 形曲线

①按方法把同步发电机投入电网并联运行。

②保持同步发电机的输出功率 $P_2 \approx 0$。

③先调节 R_{f2} 使同步发电机励磁电流 I_f 上升(应先调节 90 Ω 串联 90 Ω 部分,调至零位后用导线短接,再调节 90 Ω 并联 90 Ω 部分),使同步发电机定子电流上升到额定电流,并调节原动机保持 $P_2 \approx 0$。记录此点同步发电机励磁电流 I_f、定子电流 I。

④减小同步电机励磁电流 I_f,使定子电流 I 减小到最小值并记录此点数据。

⑤继续减小同步电机励磁电流,这时定子电流又将增大至额定电流。

⑥在过励和欠励状态下各读取 5 ~ 6 组数据记录于表 5. 10 中。

表 5.10

$$n = \underline{\quad\quad} r/min; \quad U = \underline{\quad\quad} V; \quad P_2 \approx 0 \, W$$

序 号	三相电流 I/A				励磁电流 I_f/A	功率因数
	I_A	I_B	I_C	I	I_f	$\cos\varphi$

表中：$I = (I_A + I_B + I_C)/3$

2)测取当输出功率等于 0.5 倍额定功率时三相同步发电机的 V 形曲线

①按上述方法把同步发电机投入电网并联运行。

②保持同步发电机的输出功率 P_2 等于 0.5 倍额定功率。

③增加同步发电机励磁电流 I_f,使同步发电机定子电流上升到额定电流,记录此点同步发电机励磁电流 I_f 和定子电流 I。

④减小同步电机励磁电流 I_f,使定子电流 I 减小到最小值并记录此点数据。

⑤继续减小同步电机励磁电流 I_f,这时定子电流又将增大至额定电流。

⑥在这过励和欠励情况下共取 9 ~ 10 组数据记录于表 5.11 中。

表 5.11

$n = $ _____ r/min; $U = $ _____ V; $P_2 \approx 0.5P_N$

序 号	三相电流 I/A				励磁电流 I_f/A	功率因数
	I_A	I_B	I_C	I	I_f	$\cos \varphi$

表中:$I = (I_A + I_B + I_C)/3$

5.2.5 思考题

①三相同步发电机投入电网并联运行有哪些条件?不满足这些条件将产生什么后果?如何满足这些条件?

②三相同步发电机投入电网并联运行时怎样调节有功功率和无功功率?调节过程又是怎样的? V 形曲线的大致形状如何?试说明其物理过程。

③自同步法将三相同步发电机投入电网并联运行时,先把同步发电机的励磁绕组串入 10 倍励磁绕组电阻值的附加电阻 R 组成回路的作用是什么?

④自同步法将三相同步发电机投入电网并联运行时,先由原动机把同步发电机带动旋转到接近同步转速(1 485 ~ 1 515 r/min)然后并入电网,若转速太低并网将产生什么情况?

5.2.6 实验报告

①评述准确同步法和自同步法的优缺点。

②试述并联运行条件不满足时并网引起的后果。

③试述三相同步发电机和电网并联运行时,有功功率和无功功率的调节方法。

④画出 $P_2 \approx 0$ 和 $P_2 \approx 0.5$ 倍额定功率时同步发电机的 V 形曲线,并加以说明。

5.3 三相同步电机参数的测定

5.3.1 实验目的

掌握三相同步发电机参数的测定方法,并进行分析比较,以加深理论学习。

5.3.2 实验内容

①用转差法测定同步发电机的同步电抗 X_d,X_q。

②用反同步旋转法测定同步发电机的负序电抗 X_2 及负序电阻 r_2。

③用单相电源测同步发电机的零序电抗 X_0。

④用静止法测超瞬变电抗 X_d''、X_q''或瞬变电抗 X_d'、X_q'。

5.3.3 实验设备及挂件参考顺序

(1)实验设备
实验设备见表 5.12。

表 5.12

序　号	型　号	名　称	数　量/件
1	DD03	导轨、测速发电机及转速表	1
2	DJ23	校正直流测功机	1
3	DJ18	三相同步电机	1
4	D41	三相可调电阻器	1
5	D44	可调电阻器、电容器	1
6	D32	交流电流表	1
7	D33	交流电压表	1
8	D34-3	单三相智能功率、功率因数表	1
9	D51	波形测试及开关板	1

(2)屏上挂件参考排列顺序
其排列顺序是:D44,D33,D32,D34-3,D51,D41。

5.3.4 实验方法

(1)用转差法测定同步发电机的同步电抗 X_d,X_q
①按图 5.3 接线。同步发电机 GS 定子绕组用 Y 形接法。校正直流测功机 MG 按他励电

动机方式接线,用作 GS 的原动机。R_f 选用 D44 上 1 800 Ω 电阻,并调至最小。R_{st} 选用 D44 上 180 Ω 电阻,并调至最大。R 选用 D41 上 90 Ω 固定电阻。开关 S 合向 R 端。

②把控制屏左侧调压器旋钮退到零位,功率表电流线圈短接。检查控制屏下方两边的电枢电源开关及励磁电源开关都须在"关"的位置。

③接通控制屏上的电源总开关,按下"开"按钮,先接通励磁电源,后接通电枢电源,启动直流电动机 MG,观察电动机转向。

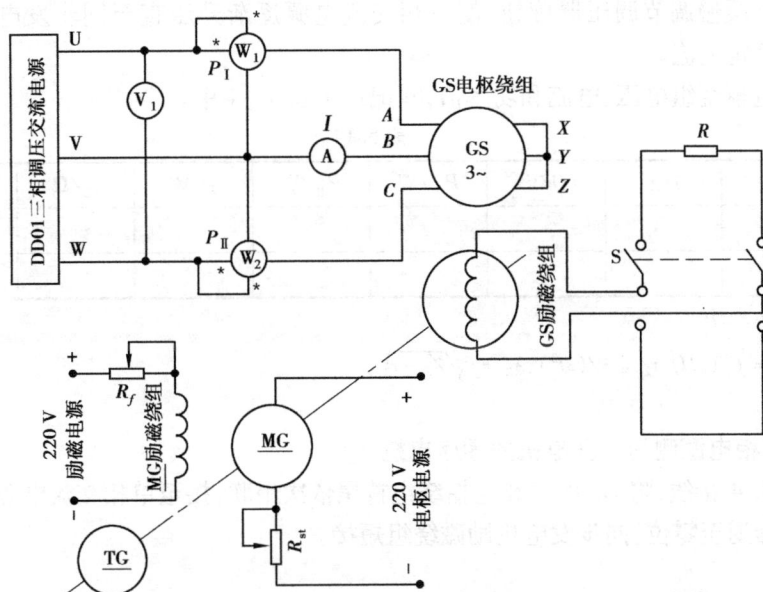

图 5.3　用转差法测同步发电机的同步电抗接线图

④断开电枢电源和励磁电源,使直流电机 MG 停机。再调节调压器旋钮,给三相同步电机加一电压,使其作同步电动机起动,观察同步电机转向。

⑤若此时同步电机转向与直流电机转向一致,则说明同步机定子旋转磁场与转子转向一致。若不一致,将三相电源任意两相换接,使定子旋转磁场转向改变。

⑥调节调压器给同步发电机加 5% ~15% 的额定电压(电压数值不宜过高,以免磁阻转矩将电机牵入同步,同时也不能太低,以免剩磁引起较大误差)。

⑦调节直流电机 MG 转速,使之升速到接近 GS 的额定转速 1 500 r/min,直至同步发电机电枢电流表指针缓慢摆动(电流表量程选用 0.25 A 挡),在同一时间读取电枢电流周期性摆动的最小值与相应电压最大值,以及电流周期性摆动最大值和相应电压最小值。

⑧测此两组数据记录于表 5.13 中。

表 5.13

序　号	I_{max}/A	U_{min}/V	X_q/Ω	I_{min}/A	U_{max}/V	X_d/Ω

计算:$X_q = U_{min}/\sqrt{3}\, I_{max}$,$X_d = U_{max}/\sqrt{3}\, I_{min}$。

（2）用反同步旋转法测定同步发电机的负序电抗 X_2 及负序电阻 r_2

①将同步发电机电枢绕组任意两相对换，以改换相序使同步发电机的定子旋转磁场和转子转向相反。

②开关 S 闭合在短接端（图示下端），调压器旋钮退至零位，功率表处于正常测量状态（拆掉电流线圈的短接线）。

③启动直流电机 MG，并使电机升至额定转速 1 500 r/min。

④顺时针缓慢调节调压器旋钮，使三相交流电源逐渐升压直至同步发电机电枢电流达 30% ~40% 额定电流。

⑤读取电枢绕组电压、电流和功率值，并记录于表 5.14 中。

表 5.14

序　号	I/A	U/V	P_I/W	P_{II}/W	P/W	r_2/Ω	X_2/Ω

表中：$P = P_I + P_{II}^{'}$。

计算：$Z_2 = U/(\sqrt{3}I)$，$r_2 = P/(3I^2)$，$X_2 = \sqrt{Z_2^2 - r_2^2}$。

（3）用单相电源测同步发电机的零序电抗 X_0

①按图 5.4 接线，将 GS 的三相电枢绕组首尾依次串联，接至单相交流电源 U、N 端上。

②调压器退至零位，同步发电机励磁绕组短接。

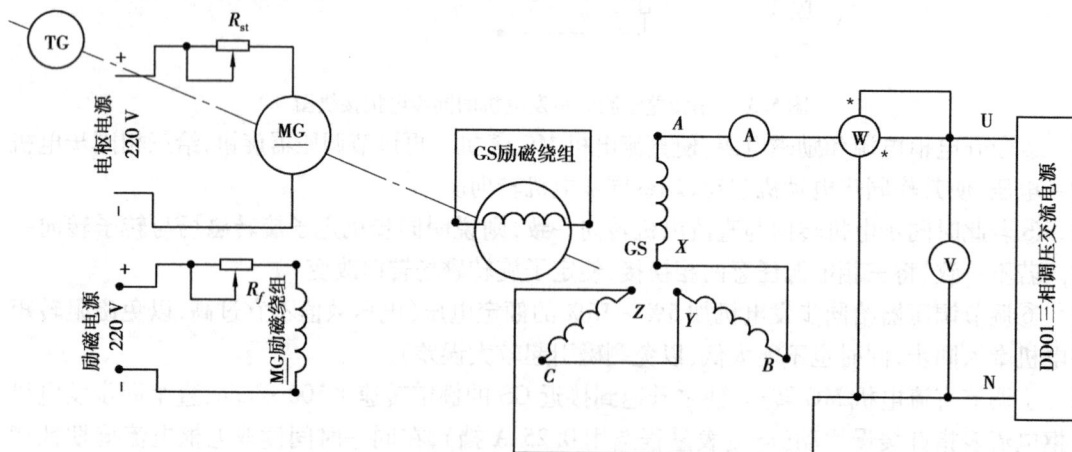

图 5.4　用单相电源测同步发电机的零序电抗

③起动直流电机 MG 并使电机升至额定转速 1 500 r/min。

④接通交流电源并调节调压器使 GS 定子绕组电流上升至额定电流值。

⑤测取此时的电压、电流和功率值，并记录于表 5.15 中。

表 5.15

序　号	U/V	I/A	P/W	X_0/Ω

表中 X_0 的计算：$Z_0 = U/(\sqrt{3}I)$，$r_0 = P/(3I^2)$，$X_0 = \sqrt{Z_0^2 - r_0^2}$。

（4）**用静止法测超瞬变电抗** X''_d、X''_q **或瞬变电抗** X'_d、x'_q

①按图 5.5 接线，将 GS 三相电枢绕组连接成星形，任取二相端点接至单相交流电源 U、N 端上。两只电流表均用 D32 挂件。

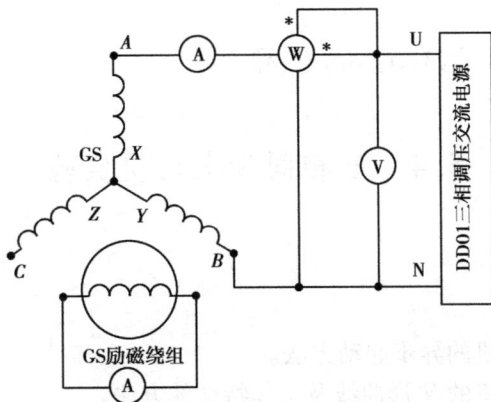

图 5.5　用静止法测超瞬变电抗

②调压器退到零位，发电机处于静止状态。

③接通交流电源并调节调压器逐渐升高输出电压，使同步发电机定子绕组电流接近 $20\% I_N$。

④用手慢慢转动同步发电机转子，观察两只电流表读数的变化，仔细调整同步发电机转子的位置使两只电流表读数达最大。

⑤读取此时的电压、电流、功率值并记录于表 5.16 中，从而测定 X''_d。

表 5.16

序　号	U/V	I/A	P/W	X''_d/Ω

表中 X''_d 的计算：$Z''_d = U/(2I)$，$r''_d = P/(2I^2)$，$X''_d = \sqrt{Z''^2_d - r''^2_d}$。

⑥把同步发电机转子转过 45°角，在这附近仔细调整同步发电机转子的位置，使二只电流表指示达最小。

⑦读取此时的电压 U、电流 I、功率 P 值并记录于表 5.17 中，从而测定 X''_q。

表 5.17

序　号	U/V	I/A	P/W	X''_q/Ω

表中 X''_q 的计算：$Z''_q = U/(2I)$，$r''_q = P/(2I^2)$，$X''_q = \sqrt{Z''^2_q - r''^2_q}$。

5.3.5　思考题

①同步发电机参数 X_d、X_q、X'_d、X'_q、X''_d、X''_q、X_0、X_2 各代表什么物理意义？对应什么磁路和耦合关系？

②这些参数的测量有哪些方法？并对其进行分析比较。

③怎样判别同步电机定子旋转磁场与转子的旋转方向是同方向还是反方向？

5.3.6 实验报告

根据实验数据计算 $X_d , X_q , X_2 , r_2 , X_0 , X_d'' , X_q''$。

5.4 三相同步电动机实验

5.4.1 实验目的

①掌握三相同步电动机的异步起动方法。

②测取三相同步电动机的 V 形曲线及工作特性的方法。

5.4.2 实验内容

①三相同步电动机异步起动。

②测取同步电动机的 V 形曲线。同步电动机电源 $U = U_N $、$f = f_N$、输出功率 $P_2 = $ 常数的条件下,测取电枢电流 I 与励磁电流 I_f 的关系曲线 $I = f(I_f)$。

③测取同步电动机的工作特性曲线。即在 $U = U_N $、$f = f_N $、$I_f = $ 常数条件下,测取工作特性曲线 $I 、P_1 、T_2 、\cos \varphi 、\eta = f(P_2)$。

5.4.3 实验设备及挂件参考排列排序

(1)实验设备(见表 5.18)

表 5.18

序 号	型 号	名 称	数 量/件
1	DD03	导轨、测速发电机及转速表	1
2	DJ23	校正直流测功机	1
3	DJ18	三相凸极式同步电机	1
4	DD01	三相调压交流电源	1
5	D32	交流电流表	1
6	D33	交流电压表	1
7	D34-2	单三相智能功率、功率因素表	2
8	D31	直流电压表、毫安表、安培表	2
9	D41	三相可调电阻器	1
10	D51	波形测试及开关板	1
11	D42	三相可调电阻	1
12	D52	旋转灯、并网开关、同步机励磁电源	1

（2）**屏上挂件排列参考顺序**

其排列顺序是：D33,D32,D34-2,D34-3,D31,D42,D41,D52,D51。

5.4.4　实验方法

（1）**异步起动**

试验线路如图5.6所示。

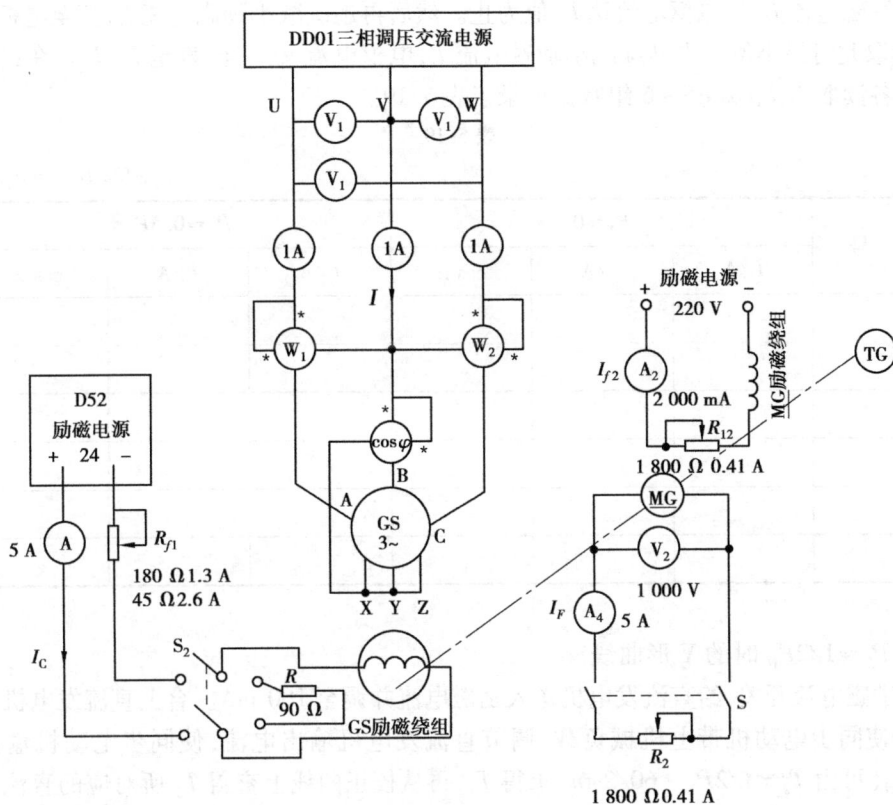

图5.6　三相同步电动机实验接线图

1）起动前的准备

①机组处于静止状态,将双刀双掷开关 S_2 倒向左方,同步电动机励磁绕组送入的励磁电流约为二分之一额定励磁电流。

②将 S_2 倒向右方,同步电动机励磁绕组通过外加电阻 R 闭路。R 的阻值约为励磁绕组电阻的 $8 \sim 10$ 倍。

③起动电压需经调压器降压,一般为 $60\% U_N$(可输出电压调零)。

④起动时,应将电流表、功率表和功率因数表的电流线圈短路以免冲击电流损坏仪表。

⑤同步电动机机组若有转向要求,起动时应注意电动机转向否符合电动机转向。

2）起动步骤

①直流发电机负载开关 S 和励磁电源开关置断开位置。

②合上同步电动机电源开关,增加三相调压器输出(同时观察电流表,使其不能超过量程),电动机开始转动。当转速升至接近额定转速时,将双刀双掷开关倒向左边,给励磁绕组

送入励磁电流,同步电动机牵入同步。

③调节同步电动机电源至额定电压,同时调节同步电动机励磁电流 I_f,使电枢电流达最小值,起动过程结束。

(2)测 V 形曲线

1)测 $P_2 \approx 0$ 时的 V 形曲线

同步电动机运行于空载状态,$U = U_N$,$f = f_N$,$P_2 \approx 0$(直流发电机空载且不加励磁),增大同步电动机励磁电流 I_f,使电枢电流达 I_N 值为止。然后再逐次减小励磁电流 I_f,直至电枢电流达 $I = I_{\min}$,读取此时最小值。再继续减小励磁电流 I_f,电枢电流又上升,直至 $I = I_N$。在过励与欠励状态下各读取 I_f、I、$\cos \varphi$ 5 ~ 6 组数据记录于表 5.19。

表 5.19

$U = U_N$ $n = n_N$

序　号	$P_2 \approx 0$			$P_2 \approx 0.5P_N$		
	I_f/A	I/A	$\cos \varphi$	I_f/A	I/A	$\cos \varphi$

2)测 $P_2 \approx 1/2 P_N$ 时的 V 形曲线

接通励磁电流开关,给直流发电机送入励磁电流并调至 100 mA。合上直流发电机电枢回路开关 S,使同步电动机带上机械负载,调节直流发电机输出电流,使同步电动机输出功率 $P_2 \approx 1/2 P_N$(可由 $T_2 = 1/2 P_N \cdot 60/2\pi n_c$ 求得 T_2,再从校正曲线上查得 T_2 所对应的直流发电机的电枢电流 I_F,并保持此时的 I_F 和直流发电机的励磁电流 I_{f2} 不变),重复上述步骤,在过励与欠励状态下各读取 I_f、I、$\cos \varphi$ 数据 5 ~ 6 组并记录于表 5.20 中。

(3)测取同步电动机的工作特性

同步电动机起动后,调节直流发电机励磁电流达 100 mA 并保持不变,合上直流发电机负载开关 S,使同步发电机带上负载。同时调节同步电动机电源 U,励磁电流 I_f 和直流电动机负载 I_F,使同步电动机工作于 $U = U_N$、$I = I_N$、$\cos \varphi = 1$,保持此时同步电动机的励磁电流不变,然后逐次减小直流发电机负载,直至为零。在此过程中,共读取同步电动机电枢电流 I,输入功率 P_I、P_{II},功率因数 $\cos \varphi$ 和对应的直流发电机的电枢电流 I_F、励磁电流 I_{f2},共测取 6 ~ 7 组数据记录于表 5.20 中。

表 5.20

$U = U_N = $ _____ V　　$I_{f2} = $ _____ A　　$n_c = $ _____ r/min

序　号	同步电动机输入					直流发电机		同步电动机输出		
	I/A	P_I/W	P_{II}/W	P_1/W	$\cos \varphi$	I_F/A	I_{f2}/A	P_2/W	$T_2/(\mathrm{N \cdot m})$	$\eta\%$

表中，$P_1 = P_I \pm P_{II}$，为同步电动机输入功率。

根据校正后的直流发电机的电枢电流 I_F 及励磁电流 I_{f2}，从校正曲线查得对应的输入转矩 T，即电动机的输出转矩 T_2，由 T_2 可算出同步电动机的输出功率及效率。

$$P_2 = 0.105 n\, T_2 (\mathrm{W})$$

$$\eta = \frac{P_2}{P_1} \times 100\%$$

5.4.5　思考题

①同步电动机异步起动的原理及操作步骤如何？

②同步电动机异步起动时，励磁绕组为什么不能开路或直接短路？

③V 形曲线是在什么条件下作出来的？ 调节同步发电机励磁，对电网功率因数有何影响？

5.4.6　实验报告

①作 $P_2 \approx 0$ 和 $P_2 \approx 1/2 P_N$ 时同步电动机的 V 形曲线 $I = f(I_f)$。

②作同步电动机的工作特性曲线 I、P_1、$\cos \varphi$、T_2、$\eta = f(P_2)$。

参考文献

[1] 郑治同. 电机实验[M]. 北京:机械工业出版社,1996.

[2] 何金茂,陈时坤. 电机实验[M]. 上海:上海科学技术出版社,1959.

[3] 热尔维. 电机的工业试验[M]. 吴大榕,译. 北京:电力工业出版社,1981.

[4] 许实章. 华中工学院. 电机学[M]. 北京:科学技术出版社,1964.

[5] 章名涛. 电机学[M]. 北京:科学技术出版社,1964.

[6] 汤蕴璆,罗应立. 电机学[M]. 北京:机械工业出版社,2008.